大学数学教学策略与实践研究

曾　亮◎著

中国原子能出版社

图书在版编目（CIP）数据

大学数学教学策略与实践研究 / 曾亮著.--北京：
中国原子能出版社，2023.11
ISBN 978-7-5221-3108-5

Ⅰ.①大…　Ⅱ.①曾…　Ⅲ.①高等数学–教学研究–
高等学校　Ⅳ.①O13

中国国家版本馆 CIP 数据核字（2023）第 223325 号

大学数学教学策略与实践研究

出版发行	中国原子能出版社（北京市海淀区阜成路 43 号　100048）
责任编辑	杨　青
责任印制	赵　明
印　　刷	北京天恒嘉业印刷有限公司
经　　销	全国新华书店
开　　本	787 mm×1092 mm　1/16
印　　张	15.25
字　　数	240 千字
版　　次	2023 年 11 月第 1 版　2023 年 11 月第 1 次印刷
书　　号	ISBN 978-7-5221-3108-5　　定　价　**76.00 元**

前　言

　　数学是高等院校的重要基础课程，对培养学生的思维能力、创新精神、科学态度及分析问题的能力都有着重要的作用，为提高应用数学课程的教学质量，全面提高学生解决实际问题的能力。大学数学老师应与时俱进，变研讨教材为激发学生潜能，让大学生不再是被动地灌输式学习数学，而是在好奇心的驱使下自主进行学习。

　　数学长期以来一直是现代文化重要的形成因素之一，随着西方数学哲学和人类文化学的融合与发展，数学文化观点被越来越多的学者认可和关注。近年来，我国许多大学纷纷实践并开设新型人文教育类的数学课程，越来越多的数学家和数学教师更加重视大学数学教育教学的研究，重新审视数学教育教学观念，强化数学教育的文化意识，重视数学文化对大学数学教学的意义。

　　本书力求达到理论与实践相结合，让读者在学习基本方法和理论的同时，注重感悟数学的思维、理念和精神，以达到提高能力、提升素质的目的。笔者在撰写本书的过程中，得到了许多专家的帮助和指导，在此表示诚挚的谢意。

　　由于写作时间仓促，加之水平有限，书中如有不足之处敬请广大读者批评指正。

目　录

第一章　数学的本质与教育意义

第一节　数学的性质

一、哲学认识

"数学"这个词来源于希腊语，意思是"已学习或理解的东西"或"获得的知识""可用的东西"。"数学"这个术语经历了从一般知识的表达到数学专业化，再到亚里士多德时代的漫长过程。在中国，《周礼·地官·大司徒》中有："三曰六艺：礼、乐、射、御、书、数。""数"就是"数学"，这个词早在甲骨文中就出现了，"数学"这个词本身也是一个多音节词。后来，术语"计算"和"数学"的使用持续了数百年，直到1939年统一使用"数学"一词。自古希腊以来，数学哲学就试图诠释"数学是什么？"这也就是所谓的"数学观"的问题。

（一）数学存在于理念世界

柏拉图主义认为，虽然数学探究的对象是抽象的，但它的存在是客观而永恒，与时间、空间及人类思维都没有联系。对数学家来说数学不是创造，而是对客观存在的描述。这个世界上是有两个世界的，一个是人们可以看到、听到和触摸的物理世界；另一个是可以合理掌握的思想世界。柏拉图认为，普遍性是一种真实的存在，即思想理论。柏拉图认为存在可分为两种，即经

1

验的存在和思想的存在。前者是暂时的、改变的和组成的，而后者是永恒的、不变的和简单的。

数学对象包含数字和数字组成的式子，这些都是柏拉图概念世界的真实存在。

它是一种独立的、客观的存在，不依赖于人类的思想，总是存在于思想的世界中。

这种现实主义观点是柏拉图式数学哲学的核心。数学对象是永恒的、非时间的和非精神的，它是天生的知识。这种天生的知识如何被人类认可？柏拉图认为只有通过"天生的记忆"才能实现。换句话说，我们永恒的灵魂曾经生活在天堂，并在他们的早年生活中观察到这些形式，但是当我们出生时，我们忘记了所有这些，所以我们学到的只是被遗忘的东西、要记住的东西，所以正确的教育方式就是所谓的苏格拉底方法。

柏拉图主义对数学实践有很大的影响。许多著名的数学家认为数学是一种独立于人类思想活动的客观存在，这与柏拉图的观点一致。数学哲学家赫什指出，一个典型的"工作数学家"在工作的时候是柏拉图主义者，在休息的时候是形式主义者。换句话说，当他研究数学时，他确信他正在研究客观现实并试图确定它的本性。然而，当被问及数学哲学的重要性时，最简单的捍卫自己的说辞是他不相信数学的实在性。事实上，每次数学家会面时，数学到底是发明还是发现的争论仍在继续。

对于许多数学家来说，数学的定理是被发现而不是被发明的。因为当他们证明新的定理时，他们觉得这些定理不是来自自己的想法，而是觉得他们偶然会找到很久以前存在的定理。找到发明与发现之间的区别就像将数学与音乐进行比较一样简单。例如，第九交响曲由路德维希·范·贝多芬创作，而不是他发现的。换句话说，贝多芬是发明而不是发现的。相比之下，数学的重要定理，即使数学家没有找到它，也必然有另一位数学家能找到它，所以逻辑在它被发现之前就存在了。数学是客观存在的。我们的角色是发现或观察它们，我们证明的过程只是我们的观察记录。哥德尔说，"在我看来，假设存在这样的对象（类或概念）是合理的，就像有物理对象一样，几乎有很多理由相信它们存在,它们成为令人满意需要数学系统与物理对象一样必要,以获得令人满意的感知理论"。因此,当许多数学家实践数学时,他们会觉得在数学世界中存在一个比物质现实中的随机事件更永恒、更真实、更可靠的现实世界。对于他们来说,素数像行星一样都是存在的。

当然,柏拉图有些观点几乎没有人接受,那就是关于"知识即回忆"和"现实世界是理念世界的幻影"的看法。因此,数学中的柏拉图主义者只是主张或争论自然数、点、线和面等数学对象是客观存在的。简而言之,柏拉图主义者认为数学是在数学家的活动和思想之外存在的结构的真理。把数学想成是一种数学家发挥创造性作用的活动,是不相信柏拉图思想的人的观点。

(二)数学对象是抽象的存在

与柏拉图的观点相反,亚里士多德的数学观并非基于外在的、独立的和不可观察的知识理论,而是基于实验、观察和抽象,他认为知识的经验基于现实。

亚里士多德通过批判柏拉图的数学哲学建立了自己的数学哲学。他反对理念世界与物质世界的分离,认为理念不应该独立于感觉而存在,理念存在于万事万物之中。因此,他不相信公理是超越的,而应该是通过观察事物对人类的共同理解。数学是理论的科学,数学是研究数量的科学,数学的主体是抽象的存在,数量不是事物的本体论,而是属性。在他看来,数学家以同样的方式抽象地思考事物并研究存在。

从数学对象的角度来看,数学对象是存在于合理事物中的非物质事物。材料要么是有意义的,要么是可以想象的,如青铜和木材及可以移动的材料。可以想象的材料是在感官材料中,但不是可感物,例如,作为有意义的数学对象。亚里士多德从数学命题的角度来看,由于数学中的一般定义不涉及超出大小的单独事物,它们研究数量和大小,而不是作为具有大小和可分的东西的事物,因此原则和证明可以包括可感对象,但并不是作为可感对象,而是作为一个特定的物种。就像有许多原则一样,涉的只是运动的东西,并不关注每一个运动的东西是什么或者有什么特性。根据数学研究的方法,亚里士多德认为最好的方法是将不可分割的事物在不同的考查中分开处理，就像算术学家和几何学家所做的那样：作为一个人，人是不可分割的，数学家设定了人的不可分割性，然后检查一个人是否有不可分割的性质；几何学家并不把人当作一个人或是不可分割的，而是作为立体的。简而言之，亚里士多德认为数学对象存在，但它不是独立存在于可感的事物之中，也不是独立于可感事物之外，而是理性事物中的抽象存在。亚里士多德的概念是理解抽象与具体、一般和个人之间关系的重要一步。

（三）数学是综合判断

伊曼努尔康德认为，人类知识不能脱离经验，而是基于心灵组织经验的先天能力，先天性认知能力是一种"形式"，后天的感官体验是"材料"。用形式处理材料，能够形成关于普遍性和必要性的科学知识。在康德看来，我们所有的知识都是从经验开始的。虽然我们所有的知识都始于经验，但并非所有知识都来自经验。因为我们的经验知识可以是我们的印象、我们固有的智力（感官印象只是一种诱因）和我们自己的联系的混合。康德以三种方式分享人类的自然认知技能：感性、知性和理性。感性是掌握数学知识的能力；知性是掌握物理知识的能力；理性力求超越现象世界来理解"自在之物"是什么。感性要如何掌握数学知识？康德认为人类有两种天生和直觉的认识世界的形式：时间和空间。凭借天生的时间概念来梳理事物经验的多少，数字的概念就被创造出来了。使用先天空间概念来理清事物形状的经验会产生几何公理。康德认为，数学是思维创造的抽象实体。

为了分析人类知识，康德用他的知识三分法取代了传统知识的二分法。莱布尼茨的理性主义和休谟的经验主义都将知识分为不可避免的真理和偶然的真理两大类，并将其与经验真理相对应的与生俱来的真理等同起来。

为了区分先天和经验，康德说："经验的判断本身就是全面的、综合的。根据经验做出分析判断是荒谬的，因为我可以不超越我的概念去分析和判断，所以不需要经验证据，说一个对象是有广延的是一个先天确定的命题，而不是一个经验判断。"事实上，先天知识与经验或后天知识之间的区别是哲学家长期关注的问题。从历史的角度来看，理性主义哲学家认为，先天知识比经验知识更重要，而经验哲学家则持相反观点。数学哲学中的一个基本问题是数学知识是天生的还是经验性的。然而，这两种知识之间的区分是怎样一种区分，从来没有一个明确的解释。斯蒂芬巴克指出，"经验"一词的意思是"根据经验的"，而"天生"一词的意思是"在经验之前就得到的"。因此，可以将经验知识定义为"需要经验证明的知识"，并将先天知识定义为"没有经验确认的知识"。

为了区分分析和综合，康德写道："在所有判断中考虑主语和谓语之间的关系可以有两种不同类型。一种类型是谓词 B 属于主语 A，是（隐藏）包含在 A 的概念中；另一种类型是 B 完全在概念 A 之外，尽管它与概念 A 有关。在第一种情况下，我将这种判断称为分析的，第二种情况下就叫综合的。因此，分析的判断是这样一种判断，其中谓词和主语之间的联系是通过同一性来考虑的，而那些不通过同一性来考虑联系的判断被称为综合判断。前者也可以被描述为描述性判断，而后者可以被称为扩张性判断，因为前者不通过谓词向主体概念添加任何东西，而是仅通过分析将主体概念分解为其子概念。相反，后者增加了一个谓词，这个谓词在主语的概念中是完全不可想象的，并且不能通过对主题概念的分析来抽绎出来。"

康德强调了他对数学陈述的完整性。他说："数学的判断都是全面的。"此外，康德通过算术和几何的两个例子进行了解释。康德曾这样分析，虽然人们最初大约会想："7＋5＝12"这个命题是一个单纯分析命题，它是从 7 加 5 之和的概念中根据矛盾律推出来的。然而，如果人们更深入地考察一下，那么就会发现，7 加 5 之和的概念并未包含任何更进一步的东西，而只包含这两个数结合为一个数的意思，这种结合根本没有使人想到这个把两者总合起来的唯一的数是哪个数。12 这个概念绝不是由于我单是思考那个 7 与 5 的结合就被想到了，并且，不论我把关于这样一个可能的总和的概念分析多么久，我终究不会在里面找到 12。我们必须超出这些概念之外，借助于与这两个概念之一相应的直观，例如，我们的 5 根手指，或者 5 个点，这样一个一个地把直观中给予的 5 的这些单位加到 7 的概念上去。因为我首先取的是 7

这个数，并且，由于我为了 5 这个概念而求助于我的手指的直观，于是我就将我原先合起来构成 5 这个数的那些单位凭借我手指的形象一个一个地加到 7 这个数上去，这样就看到 12 这个数产生了。要把 5 加在 7 之上，这一点我虽然在某个等于 7+5 的和的概念中已经想到了，但并没有想到这个和等于 12 这个数，所以算术命题永远都是综合的。康德说："纯几何学的每个定理都不是分析的"。两点之间线段最短，是一个全面的命题，从这个概念里，找不到大小，但是可以知道它的特点。"最短"绝对是添加的，它绝不是因为分析直线的概念才有的这句话。另外，在康德看来，数学中严格的命题是因为有自然的判断。数学的基本知识是不包括经验的，只包括先天的已知内容。康德说："真正的数学是先天而不是经验的判断，因为先天的知识里包含着我们无法从经验中取得的必然性。"

为了区分"分析知识"和"综合知识"，康德用了"判断"这个词。第一，判断是分析性的，当且仅当你不需要任何东西时，只要看看判断中的术语和这些概念的组合，你可以让人们知道判断是否属实；判断是全面的，当且仅当思考判断中的概念互相结合的形式不足以让人们知道判断是否为真时，要判断它是否真实的需要向很多东西求助。第二，当且仅当该陈述根据其逻辑形式为真时，该陈述才是分析；当且仅当陈述由于其逻辑形式而错误时，陈述才是假的分析；当且仅当它不是分析时，陈述是全面的。事实上，康德认为上述两种解释是相同的。康德对分析和综合判断之间的区别解释得晦涩难懂，A.J.艾耶尔强调说："康德没有为分析陈述和综合陈述之间的差异设定明确的基准，他提出了两个标准。这两个标准绝不是等价的。"为了避免这种区分的混淆，A.J.艾耶尔说："如果一个命题的真假仅仅基于其中包含的符号的定义，我们称之为分析命题；当经验事实成为我们判断命题的基准，那么对陈述的分析完全没有实质内容。"斯蒂芬巴克更简洁地说："陈述是分析性的，当且仅当你不需要任何东西，只需要对这个陈述理解就够了。一个综合的陈述分析并不能依靠对它的理解来判断真假。"因此，在某种意义上的陈述分析提供了新的知识。分析命题要求注意语言的某些用法，否则，我们可能不会意识到这种用法，并且分析命题揭示出我们的那些断定和信念中所没有想到的含义。结论不能用断言和信念来解释。但我们也可以看到，分析命题可以在其他意义上被认为是对我们的知识没有任何贡献的东西，因为那些分析命题只能说出我们可以说的东西。简而言之，康德的数学独立于已知的感官体验——数学是与生俱来的；数学真理无法通过概念分析来判断——数学是全面的。

（四）数学是一种约定

与柏拉图主义相反，约定主义认为数学思维是一个发明过程。约定理论的观点是现代西方实证主义哲学的观点之一。这种观点意味着数学公理、符号、对象和推论的正确性只不过是人类之间的约定。根据商定的规则承认存在和不存在的东西，什么是正确的，什么是不存在的。在约定的人看来，数学是没有任何实际意义的东西。数学真理的必然性是指命题在定义下的必然性。

约定论是庞加莱的哲学创作。几何学的第一原理从何而来？它们是通过逻辑强加给我们的吗？事实证明，非欧几何学的创立证明不是这样的。我们的感官向我们透露了空间吗？事实并非如此，因为我们的感官能够向我们展示的空间绝对不等同于几何学的空间。庞加莱说："几何的公理既不是先验的综合判断，也不是实验的事实，它们是约定，我们在所有可能的约定中选择，并且以实验事实为指导，但选择仍然是自由的，它只受限于避免所有矛盾的必要性，虽然决定公设取舍的实验法只是近似的，但公设仍然可以是严格正确的。换句话说，几何公理只是一个隐蔽的定义。"

当然，数学中的术语和定义具有约定的性质，但它不是完全随意的约定。如果数学是一个约定，那么为什么约定的含义与现实世界如此一致？为什么数学的应用如此全面？显然，约定主义无法提供令人信服的解释。事实上，我们只需要比较数学和国际象棋就可以清楚了。国际象棋的规则是一种约定。在严谨性、确定性和抽象性方面，数学与国际象棋非常相似。哈代说："国际象棋问题是一个名副其实的数学问题，但它只是一种'次要'的数学方法。"但无论每一步棋多么巧妙和复杂，它的原创性和惊人性如何，总有一些最基本的东西缺失。因此，数学的主要部分不是象棋游戏，数学推理可以在实践中应用，而国际象棋游戏的完成只对玩家有用。

从历史上看，约定主义的灵感来自数学哲学中的非欧几何和抽象代数。约定者试图绕过所谓的语义来解释数学真理，从而避免柏拉图主义引起的所有争议。他们觉得数学没有"对象"，即便有，它们也只具有我们通过约定指定给它们的品质。因此，数学真理被简化为某些约定的真理和逻辑继承所保留的真理。威拉德·范·奥曼·奎因认为，这确实是一个约定问题，欧几里得几何学的所有真理挑选哪些作为公设，是一个约定问题。但这并不是对真理进行约定。约定是存在的，并且约定的事情是将它分成两部分，一部分用于当作出发点，另一部分用于从前者中演绎出来。他继续解释说："当然，所有的公设都是一致的，但只有立法的公设才包含真理中涉及的内容。"那么什么是"数学对象"？维特根斯坦的观点与柏拉图的想法有所不同。维特根斯坦认为数学是一种语言上的约定，允许人们在社交生活中相互交流，人们通过培训和生活经验来学习。柏拉图主义者强调数学研究对象的概念和超越，以及数学知识与经验知识的分离。然而，维特根斯坦强调，数学陈述的任务不是描述事件，而是为这种描述提供框架。数学命题不是描述事件而是作为描述规则的语句。例如，数学句子"$2+3=5$"在判断特定事实的描述正确与否时起着规范作用。维特根斯坦不断强调数学家是发明者而不是发现者，但对于数学发明，他认为数学家发明了新的描述形式，有些人受到实际需求的刺激，有些人在美学上令人愉悦，而其他人还有不同的方式。

（五）数学就是逻辑

罗素和弗雷格的逻辑主义数学观表明数学是逻辑。由 Russell 和 Whilehead 编写《数学原理》的主要目的是表明纯数学是基于逻辑的前提，仅使用逻辑上解释的术语。弗雷格认为，基于数学的算术基础被简化为逻辑。逻辑是一种普遍接受的思想规则，毫无疑问可以用于所有学科。如果数学可以简单地看成是算术，算术可以看成是逻辑，那么数学就有了坚实的基础。因此，弗雷格说："虽然数学必须断然拒绝心理学的任何帮助，但它绝不能否认它与逻辑的紧密联系，我甚至同意那些认为把它们严格分离是不合适的人的观点。我们还必须承认，对结论的说服力或定义的合理性的任何调查都必须是合乎逻辑的。"拉塞尔详细阐述了数学和逻辑之间的关系，"所有纯粹的数学，因为它可以从自然数理论中推导出来，只是逻辑的延伸。即使它是一个现代的数学分支，不能从自然数理论中推导出来，也不难将上述结论应用于它。"在历史上，数学和逻辑是两个学科，它们完全不一样，但是在现代，它们之间有很大的联系：数学中用到逻辑，逻辑也离不开数学，结果意味着两者实际上是一门学科。它们的区别就像成年人和儿童一样：逻辑是小孩，数学是逻辑的成年。在数学研究中，罗素认为，很多现代数学研究显然处于逻辑的边缘。许多现代逻辑研究都是象征性的，所以对于任何训练有素的研究人员，逻辑和数学之间密切的关系非常明显。对于数学和逻辑的同一性问题，他甚至试图证明它们是等价的。罗素强调，"如果有人认为逻辑不是数学，我们会挑战他们并请他们在《数学原理》中的一系列定义和结论中找到逻辑终点和数学的起点。显然，所有答案都是武断的"。

（六）数学是直觉构造

直觉主义的哲学思想来自康德，他强调人类直觉对数学概念的作用。第一个提出数学直觉思想的是德国数学家克罗内克。在他看来，除非能用有限的正整数构造，否则数学中不可能存在任何东西。因此，分数是存在的，因为它可以表示为两个正整数的比值。然而，不存在诸如此类的无理数，因为它们只能由无穷大的分数表示。克罗内克将数学中的大量知识放入不合理行列里，例如无理数、无限集合和纯粹存在性证明。林德曼证明 π 是一个超越数。一次，克罗内克与林德曼讨论了 π 的超越性，他对林德曼说："研究 π 有什么用？不合理的数字不存在。我们为什么要调查这类问题。"

庞加莱认为，数学来自人类的直觉，康德将数学称为"先天的综合判断"。他无视罗素试图将数学转化为逻辑，不认同逻辑来拯救数学。庞加莱认为，如果逻辑是正确的，数学只不过是一个复杂的重言式系统，但实际上数学的内容更丰富。"1"在《数学原理》中的定义，对于那些没有听过的人来说是荒谬的。另外，庞加莱认为，只有在严格控制思维时数学才是严谨的，而康托的集合论只是矛盾的，并且毫无意义。根据庞加莱的观点，集合论的悖论证明康托的理论是一种渗透到数学内的"传染性病毒"。庞加莱的处理要求很高：康托的整个理论都是在可靠的数学理论之外的。对于直觉与逻辑之间的关系，庞加莱说："直觉是一种逻辑平衡物或纠正物。"

以布劳威尔为代表的直觉主义数学观认为：数学独立于物质世界的直觉构造，数学的对象，必须能像自然数那样明示地以有限步骤构造出来，才可以认为是存在的。因为他们更呼吁这种"构造性的数学"，所以直觉主义也被称为建构主义。在直觉主义者眼中，存在是在数学中构建的。因此，排中律并不普遍，并且不能考虑所有自然数和整数。布劳威尔拒绝接受假设的排中律，因为我们并非无所不知，所以我们不应接受所有假设的逻辑。自亚里士多德时代以来，数学家从未怀疑陈述 A 只有两种可能性：A 成立或－A（A 的负数）成立。布劳威尔坚持认为有第三种可能性，也就是说，存在一种这两者之间的中间状态。人们可以通过这种方式来证明数学命题，也就是说，如果我们否定这个命题，就会产生矛盾。因此，布劳威尔的第三个选择导致了许多普遍接受的数学命题发生了动摇。因此，希尔伯特说，禁止使用排中律就像禁止天文学家使用天文望远镜或者禁止拳击手使用拳头一样。否定排中律所得到的存在合理性等同于放弃数学的科学性质。

（七）数学是形式符号

形式主义认为每个数学都有自己的公理系统，因此有限的方法可以用来直接证明公理系统的矛盾。形式主义主要是想通过将数学分类为象征而非逻辑符号，想将数学转化为没有意义的事情并确保其基础的安全性，为数学奠定新的基础。

至于符号的含义，他们认为这不是数学上的考虑因素。由希尔伯特领导的数学家认为，形式公理可以用来治愈由舆论发展引起的数学疾病。希尔伯特已经成功地证明了这种方法的几何兼容性，因此没有理由认为集合论可以达到相同的结果。该方案最初的概念被称为数字，通过引入公理、各种算术规则、交换规则、连接规则、有序公理、连续性公理和所谓的完全公理来确定完整的公理假设，不可能通过枚举公理生成其他数字。希尔伯特希望证明这样形成的数字的公理系统是兼容和完整的，然后再证明它对应于已知的实数系统也适用。然而，哥德尔的不完备性定理摧毁了这个希望，它挑战数学家面对这样一个事实，即公理必然有一些固有的局限性，即使普通的整数算术不必完全系统化。此外，他的证据揭示了一个令人震惊的隐藏真理：除非先假设某些立论原则，否则无法确定复杂演绎系统的逻辑一致性，其内部一致性也是一个问题。哥德尔的工作引领了一些新的数学逻辑分支，激励每个人重新评估各种数学哲学甚至是一般的知识哲学。

形式主义认为数学是一种象征性的符号游戏，它们无法为数学的适用性提供合理的解释。

二、一些隐喻

（一）数学是一种文化

数学是一种文化传统，数学活动本质上是社会性的。怀尔德认为数学文化是一个发展中的物种。哈蒙德认为数学是一种无形的文化，数学是一种隐藏的文化。事实上，过去数学对我们文明的影响通常是被我们忽视的。例如，大多数完全理解无线电革命性影响的人却并不知道数学中长期以来一直都存在无线电波。如果不是数学，它可能永远不会被发现。今天，数学不仅满足于为其他科学提供服务性质的工具，而且还通过为社会提供间接服务和为社会创造附加值而在幕后提供服务。事实上，数学一直在人类文化中发挥着重要作用：数学是人类思想最重要的成就之一，也是事物（科学）的胜利。作为人类思想最原始的创造，只有音乐和数学的地位是一样的。作为文化的一个活的分支，在齐友民教授看来，数学无论是在过去还是现在，都在很大程度上影响着人们的思想，让人们的思想不断解放。他曾经说过一句非常有名的话：如果一个国家没有数学文化的话，这个国家肯定会衰落。事实上，数

学的发展表明，数学不仅是一种文化，也是所有文化中最优雅、最重要的文化之一。

（二）数学是一种艺术

几百年来，数学从古希腊开始，一直是一门艺术，数学的文化和发展一直和人们的审美一致。把数学看成是艺术，可以这样理解：第一，数学创作的方式与艺术相似；第二，数学的作用与艺术相似。数学在很大程度上是艺术，它的发展总是源于审美标准。哈代声称，如果数学中存在权力，它只作为艺术而存在。如果数学家把外面的世界放在脑后，就像一个画家知道如何和谐地组合色彩和形式，但没有模特，画家就很难有灵感。哈尔莫斯也是将数学表达为创造性艺术的人。他认为创造性的艺术中包含了数学家可以创造出更美好的概念，因为数学家像艺术家一样生活，工作方式相似，并且思考方式相似。数学被数学家当成艺术对待，开发概念和技术，以便更轻快地前进。一个没有缺点的数学，在证明和得到的结果中需要想象力和直觉，这也是一种艺术。

（三）数学是一种语言

象征性语言是数学的另一个重要特征。就像音乐表示和传播声音使用符号一样，数学也使用符号来表示定量关系和空间形式。

作为一种语言，数学不仅是最简洁的语言，而且是最严格的语言，它在结构和内容上比任何一个国家的语言都完美。数学是一种通用的符号语言，也是语言中的一种。在世界上，数学是可以在没有翻译的情况下被理解和用于沟通的语言。伽利略曾经说过，我们面前的宇宙就像是一本数学语言的大书，如果你不会说数学符号的语言，你就像是在黑暗的迷宫中行走而看不到任何东西。数学的语言很简单，可以作为其他学科的语言，可以很高效地描述一些现象，数学在其中作为一个最基本的语言。例如，时间和空间可以用作几何的表述，微积分是天文学的语言，量子力学的理论用算子理论描述，傅里叶分析用来解释波动理论。

（四）数学是一种方法

数学是一种方法。数学让人们的思维越来越严格，逐渐养成严格的思考模式。

通过学习数学，人们可以获得逻辑思维方法，以便他们能够促进和发展知识，即数学是一种思维方式。克莱因指出，数学是一种更基本的方法。它体现在数学的每一个小的学科里，如实数里的代数、欧几里得几何或任意非欧几何。通过了解这些小的学科的共同知识，掌握这种方法共同的特点。解决问题可以用数学的这种方法。例如，我们经常使用由字母、数字和其他符号建立起来的方程或不等式及图表、图像、方框图等，客观事物的属性和它们的数学关系就是数学模型。欧几里得几何可以看作是数学的一种模型，数学可以说是几何中最严谨的应用。很多人在数学里得到很有趣的结果。因为建模是可以预测的，哪怕人们对结果不是那么满意，他们也会不断尝试应用数学模型。例如，数学有时只是与数学和物理学相关的一个相当随意的现实人工模型，并且可以或多或少地描述物理世界中发生的事情。

（五）数学是一种思维

数学在人的智慧里有很大的体现，在原始社会也有一定程度的显现。比如，在原始社会，人们如果丢了一只羊，他们立刻就能看出来，他们用的方法，就是集合元素对应的方法。

列维-布留尔在他的著名著作《原始思维》中指出，在古代社会，人们从两个方面说明了数字是不可以分化的。在实际应用中，它或多或少与计算的内容有关。在人类文明的不断发展中，数学显示了每个国家和民族文明所体现的人类思想的本质和特征。不管其他思维多么完美，都不能忽视数学的思维。除了提供定理和理论外，数学还提供不同的思维方式，包括模式生成、抽象、优化、逻辑分析、推理和符号的使用。通过训练数学思维，人们可以提高自身的抽象能力、逻辑思维和辩证思维。数学可以激发思想，保护思想免受干扰和偏见、轻信和迷信。

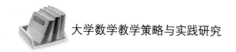

（六）数学是一种创造

对于很多的数学家来说，数学其实是一种自由精神的创造物。日本数学家小平邦彦曾指出，数学是包罗万物的根源，物理现象的根源有数学规律，数学家称这种现象为"数觉"，即感觉，所以数学不那么合乎逻辑，它是感觉的学习。许多科学家支持这种观点。集合理论的创始人康托已经表明：数学的本质是自由。爱因斯坦确信是人类思想产生了数学。他认为几何公理没有直觉或经验，是人类思想的创造。但是，自由和责任必须是连在一起的，也就是说，它要对数学的严肃目的负责任。数学不是任意创造的，而是在现有数学对象的活动中，为了科学和日常生活的需要而创造的，数学自由只能在不可避免的范围内发展，非欧几何的创建也证明了这一点。非欧几何学的创立标志着绝对真理概念的终结。有人试图通过一些不言自明的事实，并仅使用演绎证据来保证数学的真实性想法被证明是毫无意义的。

第二节　数学知识的特征

虽然不同的人用不同的分类来理解数学知识和数学知识的属性，但是必须承认，数学知识是作为人类知识模型的，与其他知识相比有自己的特征。

一、抽象性

数学是对现实世界的抽象结果，甚至是对抽象对象进一步抽象的结果。数学知识的抽象有很多种表现，包括数学对象、数学方法和数学符号。例如，我们不会为自然数"1"引用特定的 1 本书或 1 支笔。实际上，我们生活在三维世界里，但数学是可以研究 n 维的。非欧几何其实和现实社会不是联系的，数学的准确性实际上是因为它普遍的抽象。罗杰·彭罗斯说："数学陈述的真实性可以通过抽象论证来确定，这是数学最令人印象深刻的特征。"当我们说

"2+3=5"时，我们认为事物之间存在关系，这些东西不是苹果或硬币，也不是特定的，它们很普遍。数学为不同的知识表达自己的本质提供了方法。数学知识是人类思维可以实现的完美抽象，其抽象模型是公理化的方法。数学符号是一种专门用于数学科学的特殊语言，它是一种抽象的科学语言，高度概括并且高度集中。不使用符号而使用日常语言的数学公式是乏味和模糊的。用大量的符号是数学变得抽象而带来的一定的结果。其实，数学的普遍就是抽象。数学的研究实际上远远超过内容上涉及的客观事物。逻辑的必然和看起来不能改变的性质都在数学中可以体现，新的概念和事实都是来自数学的本质。当我们用数学语言来表达现实中的问题时，我们就可以用公式一步步推导出最后的结果。因此，数学的抽象已经成为它的力量，这种抽象确实是必要的。但是我们要注意，抽象并不是数学特有的。例如，爱因斯坦的相对论、原子结构等不是有形的而是抽象的。就哲学而言，它更抽象。与其他发现相比，数学知识完全拒绝具体现象以研究一般性质，甚至以抽象共性来检验这些抽象系统，无论它们是否适用于个别特定现象。

二、演绎性

由于数学的全部内容都依赖于少数普遍接受的原则，并且以逻辑演绎为基础，因此数学完美的逻辑演绎是众所周知的特征。希腊数学仍然与2000年前一样有效，艾萨克·牛顿和戈特弗里德·威廉·莱布尼茨的微积分已有300多年的历史，也没有发生重大变化。相比之下，科学理论是不确定的，它可以被完全抛弃，如燃素理论或地球是平坦的观点。可以说，数学知识的准确性取决于其演绎属性。数学定义的准确性、论证和计算的逻辑严谨性及数学思维的确定性是无可争议的。因为数学家使用的每个词都传达了一个特定的概念并且定义明确，唤起了读者心灵的同一个概念。当他们定义他们想要使用的术语时，他们将几个公理作为前提，即每个人都同意的不言自明的原则，然后将几个公理视为理所当然，因为没有人可以否认它。例如，可以从任何已知点绘制直线到另一个已知点。从这些简单明了的原则出发，数学家们有一些最令人惊讶的猜测，即人类思维的能力比任何其他科学都要广泛。爱因斯坦说，"为什么数学尤其受到所有其他科学的尊重，因为他们的陈述是绝对可靠且无可争议的，所有其他科学陈述在某种程度上都有可能被新发现的事实推翻"。数学是基于演绎推理，演绎推理得出的推论必须是正确的。但对于其他学科，当实验完成时，如果用的材料不够纯粹，机器不够灵敏，就可能得到不同的结论。当然，数学的严谨性不是绝对的、静态的，而是相对发展着的，即使是数学家的专业观点也发生了很大的变化，反映了人们对数学的理解也在不断变化。自柏拉图时代以来，几何被认为是人类知识真实性的最高例证。直到 19 世纪，所有人（包括数学家）都将几何学视为最严格和最可靠的知识。它是整个宇宙本质的最高典范：精确、永恒、可以被人类心智所认识。然而，19 世纪的数学发展表明情况并非如此。冯·诺伊曼说，不要过多地考虑数学的严谨性。最激动人心的数学灵感来自经验，并且他绝对不相信，存在绝对的、不受任何人类经验影响的数学概念。

三、过程性

人们经常将知识分为陈述性和程序性。陈述性知识是"跟事实有关的知识，人们对事物状态的了解"，而程序性知识是"人们如何做事的知识，即完成事物可能用到的步骤和方法"。简而言之，陈述性知识是"是什么"，程序性知识是"做什么"。数学包含许多程序性知识，如算法、解题方法和策略。即使是数学概念（代数式、方程和函数等）、数学命题（毕达哥拉斯定理和正弦定理等）等陈述性知识，通常也需要经历活动阶段、过程阶段、对象阶段和图示阶段。当然，除了程序流程之外，数学知识也是客观的或概念性的，即数学知识表示为一系列算法、步骤、对象和结构。在希伯特和卡彭特看来，陈述性定义概念和理解概念的含义差不多，概念知识相当于连接的网络。换句话说，概念知识就是关系丰富的知识。大家认同的概念知识不是作为孤立的信息存储的，而是概念知识网络的一部分。另外，方法性知识是一系列行动。建立方法内部表示的最小连接是方式里连续的做法之间的关系。在数学中，很多知识都表现为过程的操作。这些例子在数学中无处不在。例如，加法既表示组合或添加来自两个集合的元素的过程，又表示合并添加的结果；轴对称既代表图形关于给定直线的翻折过程，又代表一组图形间所具有的特定性质或位置关系；轴对称既代表图形关于给定直线的翻折过程，又代表一组图形间所具有的特定性质或位置关系；数列极限既代表序列变化趋势的过程，又代表发展变化的结果。数学知识的程序性和客观性告诉我们，学习数学知识往往经历从过程到对象的认知过程。

四、优美性

数学知识具有令人兴奋的美感，即品质和外观的美感。但数学之美远不止于此，不同部分之间的和谐是更深层的美，是单纯的思想就可以感受的美。例如，数学中著名的"五朵金花"：0、1（都来自算术）、i（来自代数）、π（来自几何）和 e（来自分析学），奇妙的是这"五朵金花"竟同时绽开在一个公式 $e^{i\pi}+1=0$ 中，这就是著名的欧拉公式。

就像古希腊数学一样，它永远有审美的价值，这样的数学永远存在。在评判教学时，我们所在意的审美更重要。哈代说："数学家的态度，如画家和诗人，必须是美丽的，这些思想，如颜色或文字，必须和谐统一。"优雅是第一个测试标准。世界对丑陋的数学没有长远的一面。因此，美学的重要性对于数学知识的发展至关重要。

五、统一性

什么是数学的实际创造？它不是用已知的数学实体建立新的组合。数学发明是要区分、选择。显然，选择的标准是统一的，这说明现实世界不同的部分要相互协调。数学是世界上客观规律的反映方式，因此从根本上统一起来。数学中最有趣的方面是各个分支之间存在许多意外的联系和惊人的关系。事实上，代数、几何甚至分析的相互作用并不是一个简单的巧合，这恰恰说明了数学的本质。为了发现不同现象的相似性并开发、发现这种相似性的技术，是研究物理世界的基本数学方法。因此，在数学本身的背景下，它们固有的相似性应该是可见的。数学知识的统一非常重要，当我们收集的知识代代相传时，我们必须不断努力简化和统一它。由于这个原因，数学不受其他科学的影响，这些科学分为很多不同的小的分支，相互之间很难理解。数学科学是一个不可分割的有机整体，它的生命力在于不同部分之间的联系。虽然数学是非常不同的，但数学作为一个整体，其各部分之间存在相似之处，概念之间存在亲缘关系，并且它的不同部分之间存在许多相似之处。开发的数学知识越多，其结构就越和谐，彼此隔离的分支将揭示原始的意外关系。数学知识的统一性也反映在这样一个事实中：在大多数科学中，后一代人经常撕裂上一代人的成就，但在数学方面，每一代人都在原始结构中创造出新的结果。数学中不存在流派，人们不能说几何是欧几里得的或阿基米德的，统一是数学知识的内在特征。尽管表面上的数学知识已经加深并且看似怪诞，但它的各种组成部分相结合，形成了比以往更加密集的实体。

第三节　数学本质的把握

一、超越传统认识

由于数学是复杂的，而且数学在不断发展，因此数学的某些特征对数学的任何描述都是不完整的。事实表明，无论是柏拉图主义还是数学基础三大学派（逻辑主义、直觉主义和形式主义），其对数学的描述均存在一些缺点。例如，柏拉图主义无法给出数学对象的明确定义。形式主义无法解释数学理论在客观世界中的适用性。纯数学是基于现实世界的空间形式和数量关系，即它基于非常现实的材料。在国内，这种叙述常被用作数学的定义。例如，中国著名数学家吴文俊教授为《中国大百科全书·数学卷》写下的数学条目：

"数学是研究现实世界中数量关系和空间形式的科学。"另一个例子是《辞海》和《马克思主义哲学全书》中的数学定义。它们分别是"研究现实世界的空间形式和数量关系的科学"和"数学是一门探索现实世界中数量和空间形态的科学"。从某种意义上说,"数学是研究形式和数字的科学",这一观点得到了一些数学家的认可。

然而,在分析上述数学特征的描述时,有三个关键因素:现实世界、数量关系和空间形式。考虑到数学的演化,诸如非欧几何和泛函分析之类的分支总是远离现实世界,并且诸如数学逻辑之类的分支难以确定其归属。人们对数字和形状的概念继续扩大,以使数学的定义适应一直变化的数学内容。因此,作为对数学的理解,不能从根本上确定数学定义的内涵和外延。一些学者认为,恩格斯的想法并不是传统的数学。恩格斯没有在数学定义的原始含义中包含"现实世界"的含义。当数学与现实分离时,一方面,数学必须解决自己的逻辑矛盾;另一方面,数学必须通过与外界接触,这样才有生命力。也就是说,数学是一门研究空间形式和数量关系的科学。

无论是现实世界中的"数量关系和空间形式",还是意识形态观念中的"数量关系",都属于数学研究的范畴。在数学研究中,除了数量关系和空间形式,还有基于既定数学概念和理论的数学中定义的关系和形式。例如,对于数学材料,恩格斯说:"这种材料以极其抽象的形式出现,只能在表面上模糊它源于外部世界,但对这些形式和关系的研究必须在它们纯粹的状态中进行。这就需要使它们完全脱离自己的内容,并且内容应该被搁置到一旁,因此就得到了没有长高宽的点,没有厚度和宽度的线,a 和 b 有 x 和 y 常量和变量。"当解释点、线、常数和变量的概念时,恩格斯已经注意到了数学的这一特征,他说:"只有到最后才能获得知性自身的自由创造物和想象物,即虚数。从无法追溯的古代历史开始,数学被认为是关于量的科学,但如果看一下非欧几何、群论和其他领域,这个观点太狭隘了,换句话说,我们应该超越'数学是形式和数量的科学'的认识。"

"什么是数学?"在某种程度上这个问题没有答案,最起码是令人满意的答案,只能试着给出一些想法或者解释。尽管许多人在历史上已经定义了数学，但没有人能真正成功，而且这个定义并不完全和本身一致。人们经常知道数学使用模型、关系和运算来处理数字和图形。形式上包含公理、证明、引理和定理。自阿基米德时代以来，这些都没有改变。数学知识是构成理性思维的基础。事实上，定义数学的困难主要基于数学就其本质来说是绝对的，而且不管时间地点怎么变它都不变。但是数学的发展说明了它不是这样的。拉塞尔说，数学其实是这样一个学科：我们不知道在说什么，也不知道说的对与错的学科。事实上，数学家也不知道他们在做什么，因为单纯的数学其实是和现实没有关系的，谁都不知道数学家到底是否是正确的，因为数学家从不费心去证明他们所说的是否与现实世界相一致。不同的哲学态度和价值观在理解数学特征和目标时存在差异和不确定性。

"什么是数学？"是一个与时间密切相关的、全面的并不断发展的哲学问题。在数学的发展中没有固定而永恒的答案。简单来说，"什么是数学？"这个问题的正确的答案并不好给出来。如果需要给出一个数学定义，选择"数学是关于模式研究的科学"这一观点。不仅因为许多数学家和数学哲学家提倡这样的观点，还因为这一观点较好地描述了数学的本质。"模型"实际上是一个广义实体，不仅包括现实世界中的"数字"和"形状"，还包括从数学里抽象出的各种模型和结构。或者，它被理解为一种极其广泛的含义，涵盖了人类大脑可以识别的几乎所有常规事物。可以说，数学探索了为宇宙带来秩序并使其结构和模式变得简单明了。数学的基本特征是研究模型的个体抽象过程中的模式。数学家寻求数字、空间、科学、计算机和想象模式之间的关系，以及解释模式的数学理论。计算机大大增加了数学研究模式的多样性。随着模式的增长，数学应用与数学分支之间的相关性也在增长。数学具有为科学研究提供正确模式的不寻常能力的原因可能是数学家研究的模式是各种模式。如果模式是数学的全部，那么数学的这种"非凡效应"可能是完全不寻常的。一个数学家就像一个画家或一个诗人，他是模式的创造者，如果他的模式比画家的生活或诗人的模式更长久，那是因为他的模式是通过思考创造的。关于数学与"现实世界"之间关系的特殊之处在于好的数学是有用的。为什么有用呢？答案可能很简单："数学是关于模式的科学，而自然界中的模式应有尽有。"

二、领悟深刻内涵

数学是不断前进的学科，它并不僵化，也不封闭，它让我们对周围的世界更加了解，让我们有更多的思考方法。它是关于模式，而不仅仅是关于数字或形状的科学。那么我们该如何理解数学教育中数学的深刻内涵呢？本书认为，理解数学的本质主要有以下几个方面。第一，可以把数学看成是一种文化。数学是人类文化很重要的一部分，它在人类发展中的作用非常重要。数学是科学的语言，是思想的工具，是理性的艺术。学生应该了解数学的科学性、应用性、人文性和审美价值，理解数学的起源和演变，增强他们的文化技能和创新意识。第二，要明白数学中的拟经验性。数学是在经验中不停变化的，它不是一种文化的元认知，数学是思维的高度抽象，是心理活动的概括，数学思维和证明不依赖于经验事实，但这并不意味着数学与经验无关。学习数学是一个和别人交流的过程。在数学课上，我们要努力地了解数学的价值，让学生从自己的经验中学到知识，并且把知识用在生活中。第三，把握数学知识的本质。在过去，理解数学知识时，我们经常只看到数学知识的一个方面，而忽视另一方面，这导致了各种误解。例如，只考虑数学知识的确定性，不注意数学知识的可误性；只承认数学知识的演绎性，不注意数学知识的归纳性；只看数学知识的抽象，但是不注意数学知识的直观性。新的数学课程主张"淡化形式，专注于实质"。没有必要一字一句地理解数学的概念，学生没有必要记住和掌握每一句话。第四，数学思维方法的提炼。数学基础往往包含重要的数学思维方法。在数学教育中，只有通过教学和学习两个层次的知识和思维，才可以真正地理解知识，帮助学生形成很好的认知结构。第五，欣赏数学之美。欣赏数学之美是一个人的基本数学训练。数学教育应体现象征美、图像美、简洁美、对称美、和谐美、有条理的美和数学的创造美。学生应该意识到数学之美，体验并欣赏数学之美，享受数学之美。最后，培养数学精神。数学是一种理念，一种理性，能够激励和推动人类思

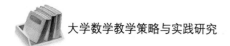

想达到最完美的水平。数学教育应该反映数学的理性思维和精神。

简而言之，数学是动态的，是靠经验一点点积累的，它是一种文化。可以说，随着时间的变化，数学的内容会越来越多。数学和其他学科一样，都可能有错误，通过发现错误、纠正错误，数学可以慢慢发展。只有这样，才能真正理解数学的本质，理解数学课程标准中提出的概念，真正满足新课程的要求。

第四节　数学史的教育意义

一、真正认识数学的文化价值

（一）教学为其他科学提供工具和语言

数学语言最显著的特征之一是其他语言无法实现的简单性和准确性。美国数学家克莱因在《西方文化中的数学》中通过例证对此进行了说明。任何科学从定性到定量的发展都是一个成熟和精确的过程，在这个过程中就会使用到数学工具。

（二）教学为人类提供理性思维

促进人类社会和人类发展的科学是一种理性的活动。理性思考是人与其他动物的根本区别，它是人类智慧和人类行为的结晶。人文科学的发展与理性思考密不可分。在希腊人文科学启蒙时期，"科学的科学"——哲学与数学密切相关，而"证明"和"算法"作为数学的典型特征就是训练的合理性的最佳工具。

（三）数学是人文社会科学的重要工具

自然科学、人文科学和社会科学代表了人文科学的两翼。传统观点认为，数学的作用主要体现在科学上。作为理性思想的表达，数学已不再是以前受权威、习惯和习俗支配的领域，取而代之的是思想和行动准则。音乐和艺术广泛运用视角、对称性和黄金比例，经济学对数学的依赖程度也很大。人们可以看到，人文科学、社会科学与数学密不可分。

（四）教学能引导人类的思想革命

人类通过科学了解世界，理解的深度和广度受到特定时间的科学水平和技术条件的限制，其中基于数学理论体系内部矛盾和数学家的求知心态研究出的抽象数学结果的超前性可以打破这种局限，引领思想革命。悖论的出现、数学危机的出现，以及非欧几何学的诞生一次又一次地影响了人的思想体系，突破了原有的思想界限，更新了思想观念，形成了思想革命。这些成就让人们的思想更成熟，改变了人们原有的思想，让人类可以更全面地认识自己，并大大提高对自己的理解和对客观世界的理解。

（五）教学推动人类社会的发展

生产力的发展是人类社会发展的动力。"科技是第一生产力"在很大程度上反映了自然科学的成果在科学技术层面的应用，这与数学密不可分。改变世界的相对论、电磁波和其他科学成就是以数学为基础的。在20世纪，计算机的发明让人们的生活发生了特别大的变化，这也是数学的成果。数学对于我们来说很复杂，但又有着很大的联系，很多社会实践中出现的问题必须用数学才能解决，因为数学内部理论体系的需要推动而发展起来的抽象理论，最终也会用于社会生产和发展。

数学的发展是随着人类的发展一起变化的，数学史可以在一定程度上反映人类的历史。数学史使我们能够理解数学和文化的价值。

二、概括地认识数学的全貌

对于数学家，他们需要知道数学的发展过程。如果将现代数学比作大树，

17 世纪之前的初等数学是大树的根，基于微积分的经典高等数学是大树的主干，18 世纪后的数学是大树的枝干，现当代数学包含着不断生长出的越来越多的分支，不同分支长出的新分支出现交叉形成边缘学科，这些学科代表了高度差异化和高度整合的情况。枝繁叶茂，独木成林。有些人描述了全面理解数学的困境：在数学的大树之外（这意味着它不介入数学）不知道里面的具体情况，而进入"大树"又会"不识庐山真面目，只缘身在此山中"。要充分理解数学科学，有必要对数学史有一定的了解，以便达到较高的学习境界。

三、树立正确的数学观

在数学哲学里，最基本的概念是数学观，这也是研究数学的人应该知道的问题，它对数学的发展方向有很大的影响。自亚里士多德给出第一个定义——数学是量的科学——只有少数学者和哲学家研究过这一主题并发表了各种观点。到目前为止，有许多数学定义。传统的数学观将数学视为一门研究数量、图形及其关系的学科。很长时间内，我国以恩格斯描述的"纯数学对象是现实世界的空间形式与数量关系"作为一种数学定义。自 19 世纪 70 年代之后，这个问题使数学哲学不断变化。事实上，数学本身就是一个历史概念，数学的内涵随着时间的推移而变化，数学观是动态的，不可能一劳永逸地给出数学的确定定义。只有通过查阅和思考历史，才能理解数学史，才能充分理解和认识数学，形成正确的数学观。

四、纠正数学的公众形象

M.Klein 认为教科书和课程中的数学被视为一系列毫无意义但又技巧娴熟的程序，导致人们几乎普遍拒绝将数学作为一种智力爱好。对这些非常无聊和乏味的事情感到反感，甚至一些受过良好教育的人都持无视、轻蔑的态度。我国目前的情况也是如此，大多数人并不真正理解数学的应用性，他们只是认为数学就是一堆数字和公式，是抽象的、深刻的，甚至是神秘的，把数学当成是一个枯燥的学科；许多学生只把数学当成一个学习任务，通常很难有一个愉快的经历，更不要说引起学习兴趣。

中国的数学教育长期以来一直只关注向学生灌输现成的数学知识，使公众很难了解数学的原貌，不了解数学发展的真实情况，数学公共形象也遭到扭曲。斯科特认为，人们为建造一个大型结构做了艰苦而困难的工作，在这种结构的基础上，现代数学已经被创造出来，只能对这种结构的建立过程进行研究。没有什么比追随前辈们在数学建筑中的进程更令人愉悦和诱人。数学史的任务是追溯历史回归其真实的面貌，为数学创造精确而全面的形象，让公众理解数学，学会爱数学。

五、加深对数学的理解

由于数学抽象的特点，它的概念、方法和思想倾向于抽象，如何帮助学生理解、接受并掌握这些数学概念、方法和思想始终是数学教育中的一个问题。数学概念和方法形成的知识基础、实际背景、进化过程和导致其发展的各种因素，在发现过程中出现的思想和方法，对于那些研究应用数学的人来说是必不可少的。

新的课程标准增加了许多学习内容以满足时代的需求，使这方面的问题显得特别重要和突出。数学史再现了曲折的发现过程和由此产生的思想方法，从而让学生更好地理解数学的原始思维。学生可以从前人的探索和斗争中学习，引发兴趣、启发智慧，提高数学学习的效率。

六、科学精神的培养

科技是第一生产力。在人才培养中，更为重要的是科学精神的培育。科学精神最重要的表现形式是对知识的追求、批判性质疑、坚持真理、淡泊名利，以及对真理、善良和美丽的追求。数学史上有许多生动的例子和丰富的资料，反映了数学家的科学精神。他们的事迹使学生能够更好地理解科学精

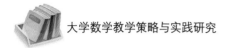

神和科学思想的培养。

七、人的全面发展

许多人认为，长期的应试教育形成了文科与理科之间的差距，这导致培养出来的人才无法适应自然科学与社会科学高度渗透的现代社会。社会必须拥有全面发展的综合人才，恢复科学的人文面貌。数学史涵盖了人类文化的各个方面，可以在文理的交流中发挥作用，促进素质教育和通识教育。科学史的创始人乔治·萨顿曾经说，科学史是自然科学与人文科学之间的桥梁，可以帮助学生理解科学的远大图景、人性的关系。北京大学以其人文学科而闻名，但在 2000 年秋天，开始开设数学质量选修课程——"数学的源与流"，注重培养全面发展的人才。

八、人格塑造

科学史的创始人和奠基者，著名的美国学者萨顿，特别强调了科学史在促进教育改革和完善人类科学文化方面的重要作用。任何一个学科中的人，若其连它的历史形象都不知道，这个人是不能被认为是大师的，他应该了解他那一门学科的科学前辈。在数学发展史上，数学家淡泊名利，追求真理，保护新知识，坚持真理。他们不怕危险，不怕权力，勤奋工作，努力学习，促进了数学的发展。数学前辈的战斗过程和人格魅力将在教育中发挥模范作用，使学生能够净化灵魂，树立抱负。

第二章　大学数学教学概述

第一节　我国大学数学教育的演变

一、《高等数学》内容的变革

1980 年 4 月 28 日，教育部发布《关于编审高等学校理工科基础课和技术基础课教材的几项原则（试行草案）》，要求"有计划地进行教材建设工作，逐步为各门课程编写、出版各种具有不同风格和特色，反映国内外科学技术先进水平的教材，以利于不断地提高教学质量"。

当代工程科学的飞速发展，对数学知识的需求越来越广、越来越深。当代工程科学对数学的要求不仅涉及一些传统数学分支，而且涉及 20 世纪发展起来的众多现代数学的概念、理论和方法；当代高新技术的高精度、高速度、高自动、高安全及高效率等特点，要求所研究问题的数学模型和方法已经由低维到高维，由线性到非线性，由平稳到非平稳，由局部到整体，由正规到奇异，由稳定到分支、混沌。数学不只是一种"工具"或"方法，同时是一种思维模式，即"数学思维"；不仅是一门科学，还是一种文化，即"数学文化"；不仅是一些知识，还是人的一种素质，即"数学素质"。

这些基本理念得到了广泛认同，并力图进行改革实践。

1985 年成立的第三届工科数学课程教学指导委员会，于 1987 年完成了"高等数学"课程和四门工程数学课程（线性代数、概率论与数理统计、复变

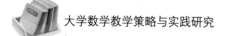

函数与数学物理方程）的教学基本要求的制定工作。相应的教材经教育部高教司批准后于 1987 年 4 月由高等教育出版社正式出版。"高等数学"（内容限于微积分）的参考学时（含习题课）由 1980 年的 216～230 学时再次降低为 190～210 学时。"线性代数"学时为 32～36，"概率论与数理统计"学时为 44～52，"复变函数"学时为 32～36，"数学物理方程"学时为 30～32。

这是一个巨大的进步。尤其是"线性代数"和"概率与数理统计"作为理工科专业的基础课，突破了"文化大革命"前的"高等数学"框架，体现了与时俱进的精神。这一重大变革，并没有以行政命令、暴风骤雨的运动形式进行，而是一场自觉的行动。因而在短短几年内，便得到充分的落实。

进入 20 世纪 90 年代，理工科大学的数学课程体系基本形成。它包括基础部分、选学部分，以及讲座部分。

基础部分是各类专业的必修课，包括：

① 以微积分、常微分方程为主体的连续量的基础；

② 以线性代数（包括空间解析几何）为主体的离散量的基础；

③ 以概率论与数理论统计为主体的随机量的基础；

④ 以数学实验和简单的数学建模为主体的数学应用基础。

选学部分是选修课，包括工程中常用的数学方法：

① 数学物理方法（包括复变函数、数理方程、积分变换等）；

② 数值计算方法；

③ 最优化方法；

④ 应用统计方法；

⑤ 数学建模。

讲座部分包括开设工程与科学技术中有用的数学新方法讲座。

"数学实验"与"数学建模"课程的广泛开设，在很大程度上改变了过去数学课教学与实际应用脱节的状况，提高了学生学数学、用数学的兴趣和能力，受到了教师和学生的欢迎和高度评价。

1995 年教育部制定的《高等教育面向 21 世纪教学内容和课程体系改革计划》中包括大学数学课程两个立项研究课题。

一个是由西安交通大学主持，由西安交通大学、大连理工大学、同济大学、电子科技大学、四川大学、吉林大学（原吉林工业大学）、大连海事大学、清华大学、上海交通大学、东南大学、西北工业大学、重庆大学和华南理工大学这 13 所院校参加的"数学系列课程教学内容和课程体系改革的研究与实践"。

另一个是由清华大学主持，由清华大学、北京大学、内蒙古大学、西安交通大学、复旦大学、湘潭大学、武汉大学、浙江大学、北京师范大学、中国科技大学、郑州大学、中山大学和南开大学这 13 所院校参加的"非数学类专业高等数学课程体系与教学内容改革"。

这两个课题组按照教育思想与教育观念的改革是先导，教学内容和课程体系改革是重点和难点的思想；历经五年的改革研究和实践，在全国范围内召开了一系列教学改革"报告会""研讨会""研讨班"；提出了教学改革的指导思想和改革方案；组织编写并出版了面向 21 世纪的改革教材，进行了改革试点，取得了一批重要的改革成果。最后分别撰写并由高等教育出版社于2000 年出版了两个课题研究报告，即《工科数学系列课程教学改革研究报告》和《高等数学改革研究报告（非数学类专业）》。其中"数学系列课程教学内容和课程体系改革的研究与实践"项目获 2001 年国家级教学成果二等奖。

上述两个课题组编写出版了与改革方案相配套的系列教材。

工科数学系列教材有（前五套均由高等教育出版社出版）以下几部。

①《工科数学分析基础》（上、下册），西安交通大学马知恩、王绵森主编，1998 年 8 月出版，该书获 2002 年全国普通高校优秀教材一等奖。

②《微积分》（上、下册），同济大学应用数学系编，1999 年 9 月出版，该书获 2002 年全国普通高校优秀教材二等奖。

③《工科数学基础》（上、下册），吉林工业大学董加礼、大连理工大学孙丽华主编，2001 年 6 月出版。

以上三套教材中，《工科数学分析基础》改革力度较大，面向重点理工科院校对数学要求较高的非数学类专业的学生。《微积分》是面向一般理工科院校多数专业的学生和重点院校中的部分专业的学生，该书在保持同济大学主

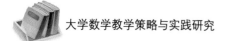

编的《高等数学》优点的基础上，努力贯彻改革的精神。《工科数学分析基础》是面向重点院校，兼顾一般院校，适用于按层次分流培养的需要。

④《代数与几何基础》，西北工业大学张肇炽主编，2001 年 6 月出版。

⑤《线性代数与几何》，大连海事大学赵连昌、刘晓东编，2001 年 6 月出版。

上面两套教材中，《代数与几何基础》是面向重点院校对数学要求较高的专业的学生，而《线性代数与几何》是面向一般院校要求较低的专业的学生。

⑥《高等数学教程》（共 4 册），湘潭大学向熙廷等编，湘潭大学出版社。

⑦《高等数学教程》（物理类专业用，上、下册），武汉大学宋开泰、黄象鼎主编，武汉大学出版社。

⑧《微积分学的公理基础》，内蒙古大学曹之江编，内蒙古大学出版社。

通过这些教材的编写与出版，以及与之相适应地开展教学研讨、组织教师培训、录制教学课件、编制试题库等途径，一个新时期的理工科数学课程体系逐渐形成，并在实践中落地生根。即使在以后大学扩招的情形下，仍然得以维持并不断地加以完善，其影响一直持续到今天。

二、数学建模活动的开展

用数学方法在科技和生产领域解决实际问题，或者与其他学科相结合形成交叉学科，首要且关键的一步是建立研究对象的数学模型，并计算求解。可以说，现代的应用数学核心就是数学建模。

在 20 世纪 80 年代至 21 世纪初，中国大学里普遍开设了"数学建模"课程。与此同时，数以十万计的大学生参加了"数学建模竞赛"活动，这是一项影响十分深远的改革。

1982 年，复旦大学俞文毗首先开设"数学建模"课程。同年，萧树铁在教育部直属 12 所工科院校协作组的会议上，提出开设"数学建模"课程的必要性。1983 年春，萧树铁在清华大学数学系开启"数学建模"课程的教学探索，并推向全国。1987 年，姜启源和任善强分别编写了《数学建模》的教材。

1990 年，中国工业与应用数学学会成立，萧树铁为首任理事长。1994 年，由工业与应用数学学会和教育部高等教育司联合主办的"全国大学生数学建模竞赛"正式启动，以后每年举行一次。到 2013 年满 20 周年时，先后参与的大学生有 40 多万人次。参与者收获良多，有"一次参赛、终身受益"的感受。

由教育部高等教育司和中国工业与应用数学学会共同主办的"2022 高教社杯全国大学生数学建模竞赛"共吸引来自国内外的 1 606 所高校 54 257 个队的近 160 000 名大学生参赛，规模之大，令人震撼。

北京理工大学的叶其孝，为组织我国大学生参加美国的"大学生数学建模竞赛（MCM）"做出了特别的贡献。1989 年我国首次组队参加。至今，参与全美大学生数学建模竞赛的人数越来越多。

"数学建模"课程的开设和相关的竞赛活动，不仅增加了大学数学教育的教学内容、丰富了大学生的数学生活，更重要的是更加全面地认识了数学的价值，扭转了过度追求形式主义公理化的倾向，回归数学发展的历史进程，形成了更加科学的数学观念，其影响将会是深刻而久远的。

"数学建模"课程的开设，触发了"数学实验"课程的诞生。1997 年，萧树铁组织清华大学、北京师范大学的一些教师研究这门课的具体内容，编写讲义，进行试点。经过一年的试验，这份讲义以《数学实验》的书名于 1999 年由高等教育出版社正式出版。与此同时，中国科技大学、上海交通大学和西安电子科技大学等校也相继开设"数学实验"课程，编写教材。进入 21 世纪之后，这门课程已经在全国几百所大学开设。

进入 21 世纪以后，"数学建模"课程的教学水平不断提升。这一时期的"数学与统计学教学指导委员会"，主任委员是李大潜。他大力推动数学建模、数学实验课程建设和相关竞赛活动。

李大潜建议，把数学建模的精神融入数学教学的主干课程中去。为了突出主旨，也为了避免占用过多的学时，加重学生负担，需要对每一门数学主干课程精选融入数学建模内容。具体的做法如下。

集中精力针对该门课程的核心概念和重要内容，不遍地开花；所用的实

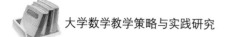

际背景应能简明扼要地阐述清楚，不拖泥带水，不烦琐臃肿；不追求自成体系、自我完善。

在与原有内容有机衔接的时候，要自觉当好配角，让主角闪亮登场；文字要简洁、通顺，不摆弄吓人的名词和概念，做到朴实无华，平易近人。

这些建议，正在得到逐步的落实。

三、若干大学数学教育改革项目和研究活动

（一）张景中、林群的"微积分初等化的探索"

微积分教学，目前都以极限理论为基础，而且崇尚用 ε-δ 语言表述。张景中院士力图改变这一现象。

阿蒂亚（当代著名数学家，1966 年菲尔兹奖获得者）在 1976 年就任伦敦数学会主席时说过，"如果我们积累起来的经验要一代一代传下去，就必须不断努力把它们简化和统一"，"过去曾经使成年人困惑的事，在以后的年代中连孩子们都能容易地理解"。这是张景中想把数学变得更简单一些的动因。

早在 20 世纪 90 年代，张景中院士就开始提倡用 ε- 极限来完成对微积分的改造。这个想法逐渐变成了现实。经过一系列的实验，在张景中指导下，重庆大学数学系的陈文立以非 ε-极限理论为基础，编著了《新微积分学》，并于 2005 年由广东高等教育出版社出版。2006 年张景中又在全国大学数学课程报告论坛上报告了他的新作《微积分的初等化》。这次他更是提出了使用不等式定义导数的概念，即不用极限理论，而用初等数学的方法严格讲解微积分。详细的处理方法，见张景中《直来直去的微积分》一书。

林群的著名演讲"微积分魔术"，也是要回避极限理论将微积分初等化，通过不等式加以表述。要点是：求导推出极限过程改用不等式，以及求积分推出函数下方图形的面积改为求导数的面积。具体做法见林群《微积分快餐》一书。

张景中和林群的微积分初等化的创意虽然得到许多赞同，但是尚未被广

泛接纳。

（二）数学文化的研究形成热潮，"数学文化"课程普遍开设

进入 21 世纪，大学数学教育领域，出现了研究数学文化的热潮。

由丘成桐、杨乐、季理真主编的《数学与人文》丛书，2010 年 5 月出版第一辑。至 2021 年 2 月已经出到第 31 辑。

也是在 2010 年，《数学文化》杂志开始发行。编委会由国内外著名数学家组成。

更重要的是，顾沛率先在南开大学开设"数学文化"课程，并逐渐推向全国。"数学文化"课程的教学目的，在于将数学与文化结合起来，从文化的角度去关注数学，从而更好地揭示数学思想的文化价值。

顾沛认为，"数学文化"是指数学的思想、精神、方法、观点，以及它们的形成和发展过程。进一步还包含数学家、数学史、数学教育和数学发展中的人文成分、数学与社会的联系及数学与各种文化的联系等。"数学文化"课程的开设，有利于提升学生的数学素质，更好理解和掌握数学的思想。顾沛编著的《数学文化》一书为此门课程的教材，2008 年由高等教育出版社出版。

张奠宙、王善平编著的《数学文化教程》，是为文科学生编写的教材，内容更加贴近社会科学的需要，如介绍用数学方法研究红楼梦作者是谁，统计数据可能撒谎及 20 世纪世界数学中心的变迁等课题。

"全国高校数学文化课程建设研讨会"于 2008 年 7 月在河南郑州举行。会议论文结集为《数学文化课程建设的探索与实践》，于 2009 年由高等教育出版社出版。2013 年 8 月第三届全国数学文化论坛学术会议在沈阳举行。马志明、严加安、袁亚湘等院士出席演讲，李大潜发来书面文稿，极一时之盛。

（三）西方数学与中国传统文化的融合

我国的大学数学课程，早年是从西方全盘引进的。这些课程中所具有的理性文明，已经融入中华文化，成为当代中华文化的一部分。但是，许多学者也在用中国古典文化来诠释西方数学。例如，勾股定理、刘徽割圆术、杨

辉三角及算法思想体系等，已经和西方数学融为一体。更进一步，"一尺之捶，日取其半，万世不竭"的论述，曾被用来描述数列极限过程。徐利治用"孤帆远影碧空尽"的诗句描写无限小连续量的变化过程。严加安倡导数学与诗歌的联系。张春燕用白居易的《寄韬光禅师》诗歌表述"数形结合"的数学思想。这些工作，都是力图将西方传入的数学与中华传统文化思想融合，主要是在意境上互相沟通。

张奠宙等在"数学欣赏"的课题中，做了一些努力。例如，用《道德经》的"道生一，一生二，二生三，三生万物"理解自然数公理和数学归纳法；以苏轼的《琴诗》揭示数学反证法的含义；用贾岛的"只在此山中，云深不知处"解说"数学存在性定理"的意境；以陈子昂的《登幽州台歌》比喻爱因斯坦的四维时空。特别是建议微积分教学，可以按照"局部与整体"的线索展开，增加人文气息。

（四）"大学数学课程论坛"和"高等学校大学数学教学研究与发展中心"的设立

由全国高等学校教学研究中心、教育部高等学校数学与统计学教学指导委员会、中国数学会、教育工作委员会、全国高等学校教学研究会数学学科委员会、高等教育出版社及有关高校联合发起、共同设立的"大学数学课程报告论坛"于 2005 年 11 月 5—7 日在上海同济大学举行。以后每年召开一次。众多知名院士、专家参加会议。我国数学教育界的这一数学教学改革盛会，已经对我国的教育教学改革产生了重大的影响。

2009 年，西安交通大学与高等教育出版社联合成立"高等学校大学数学教学研究与发展中心"（以下简称"中心"），这是大学数学教学和改革的一件重大事件。"中心"每年都通过组织立项的方式推进大学数学教学的研究和改革，取得了一系列的成果，推动了国内对大学数学教学实践和理论的研究。"中心"组织对国外大学数学教学和教材研究，为借鉴国外的经验提供了便利条件。

（五）慕课教学方兴未艾

慕课是英文简称 MOOC 的音译，意为大规模的公开的网络在线课程。它起始于 2012 年秋的美国，包括麻省理工学院在内的许多著名大学的课堂实录视频已向全世界免费公开，供所有人士注册学习。

与此同时，我国也大力推进精品课程、资源共享课程的建设，使得原有的教学体系和手段面临新的挑战：课程视频资源公开了，还要课堂教学吗？名校的课都可以点播，谁还上一般大学？但是看视频毕竟不同于真人上课。没有师生互动、测验评价手段单一，都使慕课的开展受到许多制约。慕课的未来，还需要进一步观察研究。

第二节　高等数学教育教学分析

一、高等数学教学能力培养

（一）数学能力的概念与结构

1. 数学能力的概念

（1）数学能力

数学能力是顺利完成数学活动所具备的而且直接影响其活动效率的一种个性心理特征。它是在数学活动中形成和发展起来的，是在这类活动中表现出来的比较稳定的心理特征。

数学能力按数学活动水平可分为两种：一种是学习数学（再现性）的数学能力；另一种是研究数学（创造性）的数学能力。前者指数学学习过程中，迅速而成功地掌握知识和技能的能力，是后者的初级阶段的一种表现，它主要存在于普通学生的数学学习活动中；而后者指数学科学活动中的能力，这

种能力产生具有社会价值的新成果或新成就，它主要存在于数学家的数学活动中。在学生的数学学习活动中，往往会经历重新发现人们已经熟知的某些数学知识的过程。

从发展的眼光看，数学家的创造能力也正是从他在数学学习中的这种重新发现和解决数学问题的活动中逐步形成和发展起来的。所以，在我们的数学教学中通常所说的数学能力，包括学习数学的能力和初步的创造能力，并且这种创造能力的培养，在数学教学中已越来越引起人们的重视。因此，在数学教学中不能把两种数学能力完全分开，而应用联系和发展的眼光看待它们，应该综合地、有层次地进行培养。本部分所讲述的数学能力也是指这种学习数学的数学能力。

（2）数学能力与数学知识、技能的关系

1）智力与能力的关系

智力与能力都是成功地解决某种问题（或完成任务）所表现出来的个性特征。把智力与能力理解为个性的东西，说明其实质是个体的差异。通常所说的能力有大小，指的就是这种个体差异。而智力的通俗解释就是阐明"聪明"与"愚笨"。智力与能力的高低首先要看解决问题的水平，这也是学校教育为什么要培养学生分析问题和解决问题能力的关键所在。智力与能力所表现的良好适应性，出自有能力地完成任务，即主动积极地适应，使个体与环境相协调，达到认识世界、改造世界的目的。智力与能力的本质就是适应，使个体与环境取得平衡。

智力与能力是有一定区别的。智力偏于认识，它着重解决知与不知的问题，它是保证有效地认识客观事物的稳固的心理特征的综合；能力偏于活动，它着重解决会与不会的问题，它是保证顺利地进行实际活动的稳固的心理特征的综合。但是，认识和活动总是统一的，认识离不开一定的活动基础，活动又必须有认识参与，所以智力与能力的关系是一种互相制约、互为前提的交叉关系。

2）数学能力与数学知识、技能的关系

数学能力与数学知识、数学技能之间是相互联系又相互区别的。概括来说，数学知识是数学经验的概括，是个体心理内容；数学技能是一系列关于数学活动的行为方式的概括，是个体操作技术；数学能力是对数学思想材料进行加工的活动过程的概括，是个性心理特征。数学技能以数学知识的学习为前提。

数学技能的形成可以看成是深刻掌握数学知识的一个标志。作为个体心理特性的能力，是对活动的进行起稳定调节作用的个体经验，是一种类化了的经验，而经验的来源有两方面，一是知识习得过程中获得的认知经验。二是技能形成过程中获得的动作经验。而且，能力作为一种稳定的心理结构，要对活动进行有效的调节和控制，必须以知识和技能的高水平掌握为前提，理想状态是技能的自动化。

能力心理结构的形成依赖于已经掌握的知识和技能的进一步概括化和系统化，它是在实践的基础上，通过已掌握的知识、技能的广泛迁移，在迁移的过程中，通过同化和顺应把已有的知识、技能整合为结构功能完善的心理结构而实现的。

2. 数学能力的成分与结构

（1）数学能力成分结构概述

1）克鲁捷茨基对数学能力结构的研究

苏联教育心理学家克鲁捷茨基的工作对国内学生数学能力结构研究产生了重要影响。他通过对各类学生的广泛实验调查，系统地研究了数学能力的性质和结构。他认为，学生解答数学题时的心理活动包括以下三个阶段：① 收集解题所需的信息；② 对信息进行加工，获得一个答案；③ 把有关这个答案的信息保持下来。

与此相对应克鲁捷茨基提出数学能力成分的假设模式，列举教学能力的九个成分：① 能使数学材料形式化，并用形式的结构，即关系和联系的结构来进行运算的能力；② 能概括数学材料，并能从外表上不同的方面去发现共同点的能力；③ 能用数学和其他符号进行运算的能力；④ 能进行有顺序的严格分段的逻辑推理能力；⑤ 能用简缩的思维结构进行思维的能力；⑥ 思维的机动灵活性，即从一种心理运算过渡到另一种心理运算的能力；⑦ 能逆

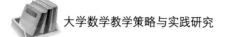

转心理过程，从顺向的思维系列过渡到逆向思维系列的能力；⑧ 数学记忆力，关于概括化、形式化结构和逻辑模式的记忆力；⑨ 能形成空间概念的能力。

2）卡洛尔对数学能力的研究

卡洛尔采用探索性因素分析、验证性因素分析及项目反应理论对数学能力进行了研究，得出了认知能力的三层理论。其中，第一层包括100多种能力；第二层包括流体智力、晶体智力、一般记忆和学习、视觉、听觉、恢复能力、认知速度及加工速度；第三层为一般智力。卡洛尔还研究各种能力与数学思维的关系以及能力与现实世界中的实际表现之间的关系等。

3）林崇德对学生数学能力结构的研究

我国林崇德教授主持的"学生能力发展与培养"实验研究，从思维品质入手，对数学能力结构做了如下描述：数学能力是以概括为基础，将运算能力、空间想象能力及逻辑思维能力与思维的深刻性、灵活性、独创性、批判性及敏捷性所组成的开放的动态系统结构。他以数学学科传统的"三大能力"为一个维度，以五种数学思维品质（思维的深刻性、灵活性、独创性、批判性及敏捷性）为一个维度，构架出一个以"三大能力"为"经"，以五种思维品质为"纬"的数学能力结构系统。

此外，林崇德教授还对15个交叉点做了细致的刻画。例如，逻辑思维能力与思维的独创性的交汇点，其内涵是：① 表现在概括过程中，善于发现矛盾，提出猜想给予论证；善于按自己喜爱的方式进行归纳，具有较强的类比推理能力与意识；② 表现在理解过程中，善于模拟和联想，善于提出补充意见和不同的看法，并阐述理由或依据；③ 表现在运用过程中，分析思路、技巧运用独特新颖，善于编制机械模仿性习题；④ 表现在推理效果上，新颖、反思与重新建构能力强。

4）李镜流等对数学能力结构的研究

李镜流在《教育心理学新论》一书中表述的观点为：数学能力是由认知、操作、策略构成的。认知包括对数的概念、符号、图形、数量关系及空间关系的认识；操作包括对解题思路、解题程序和表达以及逆运算的操作；策略包括解题直觉、解题方式及方法、速度及准确性、创造性、自我检查和评定等。郑君文、张恩华所著的《数学学习论》写道："数学能力由运算能力、空间想象力、数学观察能力、数学记忆能力和数学思维能力五种子成分构成。"张士充从认识过程角度出发，提出数学能力四组八种能力成分，即观察、注意能力，记忆、理解能力，想象、探究能力，对策、实施能力。

（2）确定数学能力成分的标准

数学能力成分的确定应当满足成分因素的相对完备性。所谓完备性，指数学能力结构中应包括所有的数学能力成分。但事实上要达到绝对的完备很难，甚至是不可能的。作为对数学能力的理论研究，应尽量追求对象的完备性，而从教育的角度看，追求数学能力的绝对完备却没有实在意义。确定作为培养和发展学生的数学能力因素，要根据社会发展对培养目标提出的要求，研究哪一些数学能力成分对于培养未来公民所必备的数学素质是必不可少的因素，哪一些数学能力因素具有某种程度的迁移作用，即能促进学生综合能力的发展。

数学能力成分的确定要有明确的目标性。这有两层含义，一是指所确定的能力因素确实可以在教学中实施，而且能够达到预期的目的，即能力因素具有可行性。例如，把"数学研究能力"作为培养学生数学能力的一个能力要素，就不具有可行性。第二层含义是指对每种数学能力成分应有比较具体可行的评价指标，因为数学能力存在着个性差异。同一种数学能力因素会在不同的学生中表现出明显的水平差异，因此要制定一个统一的标准，去衡量学生是否已具备了某种数学能力、是否达到了数学能力发展的目标。

数学能力成分应满足相对的独立性。即各种能力因素符合在一定意义下的独立与完备性，独立只是相对的。在确定数学能力成分时，应考虑各种能力因素的外延，尽量缩小外延相交的公共部分，避免出现两个因子的外延有相互包含的关系，使数学能力成分满足相对的独立性。否则，所确定的数学能力结构从理论上讲是不准确的，在实践中也会造成目标模糊、冲突而不便实施。

（二）空间想象能力及其培养

1. 表象和想象

（1）表象

空间想象与表象有关。认知心理学认为，表象与知觉有许多共同之处，它们均为具体事物的直观反映，是客观世界真实事物的类似物。两者的区别在于，知觉是对直接作用于感觉器官的对象或现象进行加工的过程，知觉依赖于当前的信息输入。当知觉对象不直接作用于感官时，人们依然可对视觉信息和空间信息进行加工，这就是心理表象。即表象不依赖于当前的直接刺激，没有相应的信息输入，其依赖于已贮存于记忆中的信息和相应的加工过程，是在无外部刺激的情况下产生的关于真实事物抽象的类似物心理表征。

作为不直接作用于感官的真实事物现象的类似物，表象与感知相比，具有稳定性较差、清晰度较低的特点。正由于表象具有不太稳定、清晰的特性，所以，当人们需要从表象中获取更多的信息时，常根据表象画出相应的图形，以便于进一步加工。图形是人们根据感知或头脑中的表象画出的，是展现在二维平面上的一种视觉符号语言，是对客观事物的形状、位置和大小关系的抽象。

（2）想象

想象是在客观事物的影响下，在语言的调节下，对头脑中已有的表象经过结合、改造与创新而产生新表象的心理过程。因此，想象又称想象表象。

2. 空间想象能力结构

（1）空间观念

数学教育课程标准对教育阶段学生应该具有的空间观念规定如下。

① 能够由实物的形状想象出几何图形，由几何图形想象出实物的形状，进行几何体与其视图、展开图之间的转换，能根据条件做出立体模型或画出图形。

② 能描述实物或几何图形的运动和变化，能采用适当的方式描述物体之

间的位置关系。

③ 能从较复杂的图形中分解出基本的图形,并能分析其中的基本元素及其关系。

④ 能运用图形形象地描述问题,利用直观图形来进行思考。

（2）建构几何表象的能力

在语言或图形的刺激下,在头脑中形成表象,或者在头脑中重新建构几何表象的能力称为建构几何表象的能力。这种建立表象的过程必须以空间观念为基础,必须在语言指导下进行,图形刺激仅起到辅助作用。

（三）数学能力的培养

1. 培养数学能力的基本原则

数学能力培养需要满足如下六项原则。

（1）启发原则

教师通过设问、提示等方式,为学生创造独立解决问题的情景、条件,激励学生积极参与解决问题的思维活动,参与思维活动为其核心。

（2）主从原则

教学要根据教材特点,确定每一章、每一节课应重点培养的一至三个数学能力。可依据数学能力与教材内容、数学活动的关联特点去确定每章和每节课应重点培养的数学能力。

（3）循序原则

循序原则的实质,在于充分认识能力的培养与发展是一个渐进、有序的积累过程,是由初级水平向高级水平逐步提高的过程。所以,若不具备简单的认知能力,也就不可能形成和发展高一级的操作能力,乃至复杂的策略运用能力。

（4）差异原则

教学要根据学生的素质和现有能力水平,对学生提出不同的能力要求,采取不同的方法和措施进行培养,即因材施教。教师应及时了解教学效果,随时调整教学。反馈原则是控制论中反馈原理在教学中的应用。

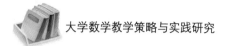

（5）情意原则

1）要认识到每一个正常的学生都具有学好数学的基本素质

人所具有的能力是在先天生理素质的基础上，通过社会活动、系统教育及科学训练逐渐形成和发展起来的，其中生理素质是能力形成和发展的先决条件和物质基础。学生能否真正学好数学，还要在于教师能否采用有效手段去激发学生的兴趣和求知欲望，充分发挥他们的潜能作用，发展他们的能力。

2）教师必须正视学生数学能力的差异

学生的数学能力表现出明显的个体差异。教师对学生的数学能力必须给予正确的评估。

3）采取措施让学生积极参与数学活动，主动探索知识

数学能力的培养要在数学教学活动中进行，这就要求教师在数学教学中必须强调数学活动的过程教学，展示知识发生、发展得尽可能充分的、丰富的背景，让学生在这种背景中产生认知冲突、激发求知、探究的内在动机；不要过早地呈现结论，以确保学生真正参与探索、发现的过程；正确地处理教材中的"简约"形式，适当地再现数学家思维活动的过程，并根据学生的思维特点和水平，精心设计教学过程，让学生看到数学思维过程；注意研究学生的思维过程，及时引导、启迪、发现、纠正错误，并帮助学生总结思维规律和方法，使学生的思维逐渐发展。

4）数学能力培养的目标观

教师应该依据教学内容制定数学能力培养的具体目标，把能力培养作为数学教学任务来要求。那种学生数学能力"自然形成观"对培养学生的数学能力是极为不利的。

5）数学能力培养的策略观

数学能力培养既有一般规律，又有特殊规律，是一个系统工程，要有一定的战略战术，要讲究策略，要有具体明确的培养计划。

2. 数学能力的培养策略

（1）能力的综合培养

对数学能力结构进行定性与定量分析后，提出了数学思维能力培养策略。

① 各种能力因素的培养应在相应的思维活动中进行。数学思维能力及各构成因素是在数学思维活动中形成和发展的，所以，有必要开发好的数学思维活动。数学思维活动可以看作是按下述模式进行的思维活动。

a. 经验材料的数学组织化，即借助于观察试验、归纳、类比、概括积累事实材料。

b. 数学材料的逻辑组织化，即由积累的材料中抽象出原始概念和公理体系并在这些概念和体系的基础上建立理论。

c. 数学理论的应用。

② 能力因素的培养要有专门的训练。教学过程中应设计一些侧重某一能力因素的训练题目。能力的培养需要一定的练习，但不是盲目做题、练习。

③ 教学的不同阶段应有不同的侧重点。每一知识模块的教学都可分为入门阶段、后续阶段和再入门阶段，新知识的引入要基于最基本、最本原、最一般与原有知识联系最紧密的材料上，使学生易于过渡到新的领域，要尽早渗透新的数学思想方法，使学生思维能有一般性的分析方法和思考原则后续阶段是思维得以训练的好时期。由于有了入门阶段建立起的思维框架，学生的思维空间得到拓展，各项思维能力因素都应得到训练。

④ 注意学生的思维水平。

（2）特殊数学能力要素的培养策略

许多研究是围绕某些特殊的能力要素的培养展开的。

1）运算能力的培养

运算能力是在实际运算中形成和发展，并在运算中得到表现的，这种表现有两方面：一是正确性，二是迅速性。正确是迅速的前提，没有正确的运算，迅速就没有实际内容，在确保正确的前提下，迅速才能反映运算的效率。运算能力的迅速性表现为准确、合理、便捷地选用最优的运算途径。培养学生的运算能力必须做好以下几方面。

① 牢固地掌握概念、公式、法则。数学的概念、公式、法则是依据数学运算的实质，就是根据有关的运算定义，利用公式、法则从已知数据及算式推导出结果。在这个推理过程中，如果学生遗忘或混淆不清概念、公式、法

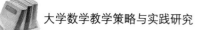

则，必然影响结果的正确性。

② 掌握运算层次、技巧，培养迅速运算的能力。数学运算能力结构具有层次性的特点。从有限运算进入无限运算，在认识上确实是一次飞跃，过去计算曲边梯形的面积这个让人感到十分困惑不解的问题，现在能辩证地去理解它了。这说明辩证法又进入运算领域。若简单低级的没有过关，要发展到复杂高级的运算就困难重重，再进入无理式的运算，那情况就会更糟，甚至不能进行。

在每个层次中，还要注意运算程序的合理性。运算大多是有一定模式可循的。然而由于运算中选择的概念、公式、方法的不同往往繁简各异。由于运算方案不同，应从合理性上下功夫。所以教学中要善于发现和及时总结这些带有规律性的东西，抓住规律，对学生进行严格的训练，使学生掌握这些规律，自然而然就可以提高运算速度。

如果数学运算只抓住了一般的运算规律还是不够的。必须进一步形成熟练的技能技巧，因为在运算中，概念、公式、法则的应用，对象十分复杂，没有熟练的技能技巧，常常出现意想不到的麻烦。

2）逻辑思维能力的培养

重视数学概念教学。正确理解数学概念。在数学教学中要定义新的概念。

① 必须明确下定义的规则。例如，"平角的一半叫直角"的定义中平角是直角最邻近的种概念，"一半"则是类差。所以在定义数学概念时，必须找出该概念的最邻近种概念和类差，启发学生深刻理解。也不至于在推理论证上由于对概念理解不全面而导致论证失败。

② 要重视基本逻辑知识的教学。学生掌握基本的逻辑方法。传统的数学教学通过大量的解题训练来培养逻辑思维能力，除一部分尖子学生外，这对多数学生来说，收获是不大的。

③ 通过解题训练，培养学生的逻辑思维能力。通过解题，加强逻辑思维训练，培养思维的严谨性，提高分析推理能力。要注意解题训练要有一个科学的系列，不能搞"题海战术"。

第一，要让学生熟悉演绎推理的基本模式——演绎三段论（大前提—小前提—结论）。由于演绎三段论是分析推理的基础，在教学中，就可以进行这方面的训练。在教授数或式的运算时，要求步步有据，教师在讲解例题时要示范批注理由。

第二，平面几何的学习中，要训练学生语言表达的准确性，严格按照三段论式进行基本的推理训练，并逐步过渡到通常使用的省略三段论式。经过这样的推理训练学生在进行复杂的推理论证时，才能保持严谨的演绎思维序列，不致于发生思维混乱。

3）空间想象能力的培养

① 适当地运用模型是培养空间想象力的前提。感性材料是空间想象力形成和发展的基础，通过对教具与实物模型的观察、分析，使学生在头脑中形成空间图形的整体形象及实际位置关系，进而才能抽象为空间的几何图形。

② 准确地讲清概念、图形结构，是形成和发展空间想象力的基础。"立体几何"是培养学生空间想象力的重要学科。准确、形象地理解概念和掌握图形结构，有助于空间想象能力的形成和发展。

③ 直观图是发展空间想象力的关键。对初学立体几何者来讲，如何把自己想象中的空间图形体现在平面上，是最困难的问题之一。所谓空间概念差，表现为画出的图形不富有立体感，不能表达出图形各部分的位置关系及度量关系。

④ 运用数形结合方法丰富学生空间想象能力。通过几何教学进行空间想象力的训练，固然可以发展学生的空间想象的数学能力。但是培养学生的空间想象力不只是几何的任务，在数学的其他各个科目中都可以进行。

4）解题能力的培养

① 探索阶段。在探索阶段主要是弄清问题、猜测结论、确定基本解题思路，从而形成初步方案的过程。具体的数学问题往往有很多条件，有很多值得考虑的解题线索，有很多可以利用的数量关系和已知的数学规律。从众多条件、线索、关系中很快理出一个头绪，形成一个逻辑上严谨的解题思路的过程中，学生的思维能力便得到了训练和提高。在教学中，教师应经常引导学生理清已学过知识之间的逻辑线索，练习由某种数量关系推演出另一种数

量关系，进而把问题的条件、中间环节和答案连接起来，减少探索的盲目性。

具备猜测能力是获得数学发现的重要因素，也是解题所必不可少的条件。数学猜测是根据某些已知数学条件和数学原理，对未知的量及其关系的似真推断，它具有一定的科学性，又有很大程度的假定性。在数学教学中进行数学猜测能力的训练，对于学生当前和长远的发展都是有好处的。

② 实施阶段。实施阶段是验证探索阶段所确定的方案，最终实现方案，并判定探索阶段所形成的猜测的过程。这个过程实际上就是进行推理、运算，并用数学语言进行表述的过程。从一定意义上讲，数学可以看成一门证明的科学，其表现形式主要是严格的逻辑推理。因此，推理是实施阶段的基本手段，也是学生应具备的主要能力。推理、运算过程的表述就是运用数学符号、公式和语言表达推理、运算的过程。

5）总结阶段

数学对象与数学现象具有客观存在的成分，它们之间有一定事实上的关联，构成有机整体，数学命题是这些意念的组合。因此，数学证明作为展示前提和结论之间的必然的逻辑联系的思维过程，不仅是证实，在数学学习过程中更重要的是理解。从这一观点出发，我们推崇解完题后的再探索。正如波利亚所强调的，"如果认为解完题就万事大吉，那么他们就错过了解题的一个重要而有益处的方面"，这个方面称为总结阶段。在这个阶段通常必须进一步思考解法是否最简捷，是否具有普遍意义，问题的结论能否引申发展。进行这种再探索的基本手段是抽象、概括和推广。

二、高等数学教学的思维方法

（一）数学思想方法教学中存在的问题

1. 认识侧重点存在偏差

（1）教学思想方法与知识的关系

目前有一种说法，"知识不重要，关键在于过程"。这对以往只重视知识的教学，忽略数学思想方法的渗透的认识似乎是一种进步。但这种认识如果走向极端，可能会造成学生的学习基础不扎实的现象。实际上，在数学教学过程中，有很多场合不能把知识与过程的关系一概而论，有的场合是知识重要，而数学思想方法可以退至其次；有的场合则是数学思想方法重要，而结论似乎可以不关心；很多场合则是数学思想方法与数学知识并重。

（2）数学思想方法的内在关系

数学思想方法的内在关系处理有两方面的意义。

① 数学思想与数学方法的关系；

② 很多数学问题含有多种数学思想方法，如何体现主要数学思想方法的教育价值协调问题。

目前，数学教学在这两方面存在重方法轻思想和主次不分的认识偏差现象，针对这些偏差提出如下见解。

数学思想与数学方法的关系是否区分似乎并不重要，因为它们本身的联系就非常密切，任何数学思想必须以数学方法得以显性体现。任何数学方法的背后都有数学思想作为支撑。在教学过程中数学教师应该有一个清醒的认识，学生掌握了许多问题的解决方法但不知道这些方法背后的数学思想的共性情况比比皆是。同样，有数学思想，但针对不同的数学问题却"爱莫能助"的情况也不少。

数学技能中有很多的方法模块，这些方法模块背后有一定层次的数学思想方法和理论依据，在解决具体问题时。可以越过使用这些模块的理论说明，直接形式化使用，姑且称之为原理型数学技能。数学中一些公理、定理、原理，甚至在解题过程中积累起来的"经验模块"等的使用，能够高效解决数学问题。为了建立和运用这些方法模块，首先必须让学生经历验证或理解它们的正确性；其次，这些方法模块往往有一定的条件和格式要求，如果学生不理解其背后的数学思想方法，很可能在运用过程中出现逻辑错误，数学归纳法就是一个很典型的例子。

2. 教学策略认识模糊

曾经有一位学者说："我如果有一种好方法，我就想能否利用它去解决更

47

多更深层次的问题，如果我解决了某个问题，我会想能否具有更多更好的其他方法去解决这个问题。"即解决问题与方法的纵横交错关系，尽管我们在数学教学过程中强调"一题多解""多题一解"等方面的训练，但真正有策略的关于知识与方法的关系处理，尤其是关于数学思想方法的教学策略的认识似乎还欠清晰。在数学教学过程中关于数学思想方法的教学策略的认识需要提高，这方面的研究目前还缺乏系统性，有如下几点需要注意。

① 数学思想方法的相对隐蔽特性使得它的隐现与教师水平相协调，要从一些数学知识和数学问题中看出其背后的数学思想方法需要教师的数学修养。有的教师能够用高观点从一些普通的数学知识与数学问题中看出背后的数学思想方法而有的教师却做不到这一点，当然导致数学思想方法的教学出现了差异。

② 数学思想方法教学的相对弹性化使得它的隐现与教学任务相一致。在数学教学过程中，数学知识教学属于"硬任务"，在规定时间内需要完成教学任务，而数学思想方法的教学任务则显得有弹性。如果课堂数学知识教学任务少，教师可以多挖掘一些"背后的数学思想方法"，反之则可以少讲甚至不讲。

3. 数学思想方法及渗透策略急需研究

① 数学思想方法属于整体概念还是可以看成"数学思想"＋"数学方法"？这个问题一直没有达成一致。由于数学思想方法这个概念属于我国数学教育工作者提出的，没有国外的参考样本，更没有古人的借鉴。

② 数学包含哪些数学思想方法？各种数学思想方法的教学"指标"是什么？能否采用硬性的指标把数学思想方法的教学要求写进课程标准中？

③ 数学思想方法是如何形成的？需要分成几个阶段进行教学？学生形成数学思想方法的心理机制是什么？

④ 数学教学过程中以数学知识和数学技能为主线的传统做法，能否更改为以数学思想方法为主线的教学策略？

（二）数学思想方法的主要教学类型探究

1. 情境型

数学思想方法教学的第一种类型应该属于情境型，人们在很多问题的处理上往往触景生情地产生各种想法，数学思想方法的产生也往往出自各种情境。情境型数学思想方法教学可以分为"唤醒刺激型"和"激发灵感型"两种。"唤醒刺激型"属于被激发者已经具备某种数学思想方法，但需要外界的某种刺激才能联想的教学手段，这种刺激的制造者往往是教师或教材编写者等，刺激的方法往往是由弱到强。教师往往采取创设情境的方法，然后根据教学对象的情况，进行适度启发，直至他们会主动使用某种数学思想方法解决问题为止。"激发灵感型"属于创新层面的数学思想方法教学，学习者以前并未接触某种数学思想方法，在某个情境的激发下，思维突发灵感。会创造性地使用这种数学思想方法解决问题。

情境型数学思想方法的主要意图在于通过人为情境的创设让学习者产生捕捉信息的敏感性。形成良好的思维习惯，将来在真正的自然情境下能够主动运用一些思想方法去解决问题。

外界情境刺激的强弱与主体的数学思想方法的运用是有一定关系的，当然与主体的动机及内在的数学思想方法储备显然关系更密切。就动机而言，问题解决者如果把动机局限在解决问题上，那么他只要找到一种数学思想方法解决即可。不会再用其他数学思想方法了。而教育者的目的是要达到教育目标，它往往会诱导甚至采用其他手段使受教育者采用更多的数学思想方法去解决同一个问题。应该以通性通法作为数学思想方法的教育主线。至于每一道数学问题解决的"偏方"则可以在解决之前由学生根据自己临时状态处理，解决后可以采取启发甚至直接展示等手段以"开阔"学生解决问题的视野。

情境型数学思想方法教学应该正确处理好数学情境与生活情境的关系，两种情境的创设都很重要。尽管现在新课程引入比较强调一节课从实际问题情境中引出，但都从实际问题引入往往会打乱数学本身内在的逻辑链，不利于学生的数学学习，而过分采用数学情况引入则不利于学生学习数学的动机及兴趣的进一步激发和实际问题解决能力的培养，数学思想方法的产生和培养往往都是通过这些情境的创设来达到的，因此，我们要根据教学任务，审时度势地创设合适的情境进行教学。

2. 渗透型

渗透型数学思想方法的教学是指教师不挑明应用何种数学思想方法而进行的教学，它的特点是有步骤地渗透，但不指出具体的数学思想方法。

所谓唤醒是指创设一定的情境把学生在平时生活中积累的经验从无意注意转到有意注意，激活学生的"记忆库"，并进行记忆检索。而归纳是指将学生激发出来的不同生活原型和体验进行比较与分析。并对这些原型和体验的共性进行归纳，这个环节是能否成功抽象的关键，需用足够的"样本"支撑和一定的时间建构。抽象过程需要主体的积极建构，并形成正确的概念表征。描述是教师为了让学生形成正确概念表征的教学行为，值得注意的是，教师的表述不能让学生误以为是对元概念的定义。

元概念的教学以学生能够形成正确的表征为目标，需要学生有一个逐步建构的过程，教师不能越俎代庖，欲速则不达。

其实，点、线、面的教学有数学思想方法的"暗线"。第一，研究繁杂的空间几何体必须有一个策略，那就是从简单到复杂的过程，第一个策略是从"平"到"曲"，然后再到"平"与"曲"的混合体；第二个策略是对"平"的几何体需要进行"元素分析"，自然注意到点、直线、平面这些基本元素。第二，如果对空间几何体彻底进行元素分析，点可以称得上是最基本的了，因为直线和平面都是由点构成的，但是，纯粹由点很难对空间几何体进行构造或描述，就连描述最简单的图形直线和平面也是有困难的，如果添加直线，由直线和点对平面进行定义也是有困难的。因此，把点、直线、平面作为最基本元素来描述和研究空间多面体就容易得多了。第三，要用点、线、面去研究其他几何体，理顺它们三者之间的关系成了当务之急，这就是为什么引进点、线、面概念后要研究它们关系的基本想法。第四，点可以成线、线可以成面这是学生都知道的事实。立体几何中点、线，面的教学就是典型的渗透型数学思想方法的教学。

渗透型数学思想方法几乎贯穿于整个数学教学过程，教师的教学过程设计及处理背后都往往含有很丰富的数学思想方法，但教师基本上不把数学思想方法挂在嘴上，而是让学生自己去体验，除非有特殊需要，教师可以点明或进行专题教学。

3. 专题型

专题型数学思想方法教学属于教师指明某种数学思想方法并进行有意识的训练和提高的数学教学方法，教学中应该以通性通法为教学重点，如待定系数法、十字相乘法、凑十法、数学归纳法等，教学应该给予这些方法足够的重视，值得指出的是，目前对一些数学思想方法，各个教师的认识可能不尽相同，因此处理起来就各有侧重。例如，有教师认为十字相乘法应用范围窄小而将其在教材中删除，很多在"十字相乘法环境"中"培养长大"的教师却觉得非常可惜。数学思想方法教学有文化传承的意义，中国数学教学改革及教材改革应该对此有所关注，我们以前津津乐道的十字相乘法、韦达定理及换底公式等方法在数学课程改革中岌岌可危。

4. 反思型

数学思想方法林林总总，有大法也有小法，有的大法是由一些小法整合而成的，这些小法就有进一步训练的必要，而有些小法却是适应范围极小的雕虫小技，有一些"雕虫小技"却也可以人为地"找"或"构造"一些数学问题进行泛化来扩大影响力而成为吸引学生注意力的"魔法"，因此，如何整合一些数学思想方法是一个很值得探讨的话题。而这些整合往往得通过学习者自己进行必要的反思，也可以在指导者的组织下进行反思和总结。基于这种数学思想方法的教学，我们称之为反思型数学思想方法教学。

（三）思想方法培养的层次性

1. 数学思想方法培养的层次性简析

（1）第一层次

学生接受一些数学基础知识及技能开始时一般采取"顺应"的策略，他们也知道这些数学知识及技能背后肯定有一些"想法"，但出于对这些新的东西"不熟"，一般就会先达到"熟悉"的目的，边学习边感受。而教师一般也不采取点破的策略，只让学生自己去学习，把一些掌握知识和技能的"要领"对学生进行"点拨"，有时也借助一些"隐晦"语言试图让一些聪明的学生能够尽快感悟。应该说，此时的数学思想方法的感悟处于一种自由的感受直至感悟阶段，不同的学生感受各不相同。

（2）第二层次

尽管我们给学生一个"隐性的操作感受"，但由于学生的年龄特征及知识和能力的局限，如果没有进行必要的点拨，他们也很可能无法感悟到知识背后的一些数学思想方法，所以教师应该适时进行点拨。教师通过传授数学知识或解决数学问题，采用显性的文字或口头语言道出一些数学思想方法并对学生有意识训练的阶段称为"孕伏的训练积累阶段"，其中"孕伏"是指为形成"数学文化修养"打下埋伏。这个阶段教师的导向性比较明显，是将内蕴性较强的数学思想方法显性化传输的一个时期，也可能是学生有意识地去"知觉"的阶段，是学生对数学思想方法感悟和学习的重要提升阶段。

2. 数学思想方法阶段性培养的几点思考

（1）要准确把握好各个阶段的特征

一种数学思想方法必须经历孕育、发展、成熟的过程，不同时期的特征各不一样，教育手段也差距甚远，如果不根据阶段性特征而拔苗助长，很可能会违背数学教学规律而适得其反。

（2）注意各种思想方法的有机结合

各种思想方法的有机结合有多方面的意义，一是思想方法具有逐级抽象的过程，"低层次"的数学方法可能"掩盖"了"高层次"的数学思想。目前的教学过程中以"法"代"想"的现象比较普遍。虽然可能将"微观"中的"法"作为"宏观"中的"想"在隐性的操作感受阶段加的感性材料，但是，或许并没有将一些本该进一步升华的"法"发展和培养成"想"的意识。二是对同一个学生而言，各种思想方法培养所处"时期"可能也不一样，应该注意培养的侧重点，不能因为一种已经进入成熟的思想方法掩盖了尚处于前两个时期的思想方法错失培养的良机。三是一种数学知识可能蕴含着多种数学思想方法，一个数学问题可以采用多种思想方法中的一个来解决，也可能需要多种数学思想方法的合理组合才能解决，应该引导学生进行优选和组合，使学生具有良好的学习数学和解决数学问题的综合能力。

（3）认真体验和反思数学思想方法

数学方法具有显性的一面，而数学思想往往具有隐性的一面，数学思想通过具体数学方法来折射，一些学者由于数学思想和方法的紧密联系，往往就不加区分，统称为数学思想方法。不要以为讲授了一些问题的具体处理方法就已经体现了背后的思想，这其实存在一个认识误区。学生采用多种方法解决了一个又一个数学问题，但他们说不出背后思想的情况比比皆是。徐利治 RMI 法则的提出，说明我们现在已有的所谓数学思想方法还有更多的"提炼空间"。可以这样认为，能否在千变万化的数学方法中概括出数学思想是衡量一个学生或数学教师的水平和数学修养的重要标志，只有提升教师自己的认识水平，才能高屋建瓴地有效培养学生的数学思想。

三、高等数学教学的逻辑基础

（一）数学概念

1. 数学概念概述

（1）概念的定义

概念是哲学、逻辑学及心理学等许多学科的研究对象。各学科对概念的理解是不一样的，概念在各学科的地位和作用也不一样。哲学上把概念理解为人脑对事物本质特征的反映，因此，认为概念的形成过程就是人对事物的本质特征的认识过程。

依据哲学的观点，数学概念是对数学研究对象的本质属性的反映。由于数学研究对象具有抽象的特点，因而数学是依靠概念来确定研究对象的。数学概念是数学知识的根基，也是数学知识的脉络，是构成各个数学知识系统的基本元素，是分析各类数学问题，进行数学思维，进而解决各类数学问题的基础。它的准确理解是掌握数学知识的关键，一切分析和推理也主要是依据概念和应用概念进行的。

（2）概念的内涵与外延

任何概念都有含义或者意义，例如，"平行四边形"这个概念，意味着是"四边形""两组对边分别平行"。这就是平行四边形这个概念的内涵，任何概念都有所指。例如，"三角形"这个概念包含锐角三角形、直角三角形与钝角三角形，这就是概念的外延，因此概念的内涵就是指反映在概念中的对象的本质属性，概念的外延就是指具有概念所反映的本质属性的对象。

内涵是概念的质的方面，它说明概念所反映的事物是什么样子的，外延是概念的量的方面，通常说的概念的适用范围就是指概念的外延，它说明概念反映的是哪些事物。概念的内涵和外延是两个既密切联系又互相依赖的因素，每一科学概念既有其确定的内涵，也有其确定的外延。因此，概念之间是彼此互相区别、界限分明的，不容混淆，更不能偷换，教学时要概念明确。从逻辑的角度来说，基本要求就是要明确概念的内涵和外延，即明确概念所指的是哪些对象，以及这些对象具有什么本质属性。只有对概念的内涵和外延两方面都有准确的了解，才能说对概念是明确的。

2. 数学概念的分类

（1）原始概念、深度大的概念和多重广义抽象概念

有学者依据概念之间的关系，把数学概念分为原始概念、深度大的概念、多重广义抽象概念。徐利治先生认为，数学概念间的关系有三种形式。

① 弱抽象。即从原型 A 中选取某一特征（侧面）加以抽象，从而获得比原结构更广的结构 B，使 A 成为 B 的特例。

② 强抽象。即在原结构 A 中添加某一特征，通过抽象获得比原结构更丰富的结构 B，使 B 成为 A 的特例。

③ 广义抽象若定义概念 B 时用到了概念 A，就称 B 比 A 抽象。

严格意义上讲，这不是对概念的分类，只是刻画了一些特殊概念的特征，它的教学意义在于教师进行教学设计时可以重点考虑对这三类概念的教学处理，或作为教学的重点，或作为教学的难点。

（2）陈述性概念与运算性概念

在对概念结构的认识方面，认知心理学家提出一种理论——特征表说，所谓特征表说即认为概念或概念的表征是由两个因素构成的：一是定义性特征，即一类个体具有的共同的有关属性；二是定义性特征之间的关系，即整合这些特征的规则。这两个因素有机地结合在一起，组成一个特征表，有学者根据这一理论和知识的广义分类观，对数学概念进行分类。

（3）合取概念、析取概念和关系概念

有学者依据概念由不同属性构造的几种方式（联合属性、单一属性、关系属性），分别对应地把数学概念分为合取概念、析取概念、关系概念，所谓联合属性，即几种属性联合在一起对概念来下定义，这样所定义的概念称为合取概念。所谓单一属性，即在许多事物的各种属性中，找出一种（或几种）共同性来对概念下定义，这样所定义的概念称为析取概念。即所谓关系属性，即以事物的相对关系作为对概念下定义的依据，这样所定义的概念称为关系概念。显然，这种划分建立在逻辑学基础之上，以概念本身的结构来进行分类，这种方法同样适合于对其他学科的概念进行分类，因而没有体现数学概念的特殊性。

（4）叙实式概念、推理式概念、变化式概念和借鉴式概念

有论者认为数学概念理解是对数学概念内涵和外延的全面性把握。根据不同特点的数学概念所对应的理解过程和方式可将数学概念分为叙实式数学概念、推理式数学概念、变化式数学概念和借鉴式数学概念四种类型。

叙实式数学概念是指那些原始概念、不定义的概念，或者是那些很难用严格定义确切描述内涵或外延的概念。这类概念包括平面、直线等原始概念，包括算法、法则等不定义概念，还包括数、代数式等外延定义概念等。所谓推理式数学概念，是指能够对概念与相关概念的逻辑关系本质进行描述的数学概念，"同层有联系"指的是与它所并列于同一个逻辑层次上的其他概念有

着一定的逻辑相关性。所谓变化式数学概念，包括以原始概念为基础定义的，包括那些借助于一定的字母与符号等，经过严格的逻辑提炼而形成的抽象表述的有直接非数学学科背景的概念，还包括在其他学科有典型应用的概念。

3. 数学概念间的关系

（1）相容关系

如果两个概念的外延集合的交集非空，就称这两个概念间的关系为相容关系，相容关系又可分为下列三种。

1）同一关系

如果概念 A 和 B 的外延的集合完全重合，则这两个概念 A 和 B 之间的关系是同一关系，具有同一关系的概念在数学里是常见的。例如，无理数与无限不循环的小数、等边三角形与等角三角形，都分别是同一关系。由此不难看出，具有同一关系的概念是从不同的内涵反映着同一事物。

了解更多的同一概念，可以对反映同一类事物的概念的内涵做多方面的揭示，有利于认识对象和明确概念。比如说，只有运用等腰三角形底边上的高、中线、顶角平分线这三个具有同一关系的概念的内涵来认识底边上的高，才能看清楚这条线段具有垂直平分底，同时平分顶角的特征，从而加深对这条线段的认识，为灵活运用打下基础。

具有同一关系的两个概念 A 和 B，可表示为"A＝B"，这就是说 A 与 B 可以互相代替，这样就给论证带来了许多方便，若从已知条件推证关于 A 的问题比较困难，可以改为从已知条件推证关于 B 的相应问题。

2）交叉关系

若两个概念 A 和 B 的外延仅有部分重合，则这两个概念和 B 之间的关系是交叉关系，具有交叉关系的两个概念是常见的，比如矩形与菱形、等腰三角形与直角三角形，都分别是具有交叉关系的概念。具有交叉关系的两个概念 A 和 B 的外延只有部分重合，所以不能说 A 是 B，也不能说 A 不是 B，只可以说有些 A 是 B，有些 A 不是 B。例如，可说"有些等腰三角形是直角三角形"，也可以说"有些直角三角形是等腰三角形"，但不能说"等腰三角形不是直角三角形"，也不能说"直角三角形不是等腰三角形"，这一点对于初学具有交叉关系概念的学生来说往往容易出现错误。如果在教学中抓住交叉关系的概念特点，提出一些有关的思考题启发学生，就可以避免以上错误认识的形成。

3）属种关系

若概念 A 的外延集合为概念 B 的外延集合的真子集，则概念 A 和 B 之间的关系是属种关系，这时称概念 A 为种概念，B 为属概念。即在属种关系中，外延大的，包含另一概念外延的那个概念叫作属概念，外延小的，包含在另一概念的外延之中的那个概念叫种概念。具有属种关系的概念表现在数学里也就是具有一般与特殊关系的概念。例如，方程与代数方程、函数与有理函数、数列与等比数列，就分别是具有属种关系的概念，其中的方程、函数、数列分别为代数方程、有理函数和等比数列的属概念，而代数方程、有理函数和等比数列分别为方程、函数和数列的种概念。

属概念所反映的事物的属性必然完全是其种概念的属性。例如，平行四边形这个属概念的一切属性明显都是某种概念矩形和其种概念菱形的属性。因此，不难知道，属概念的一切属性就是其所有种概念的共同属性，称之为一般属性，各个种概念特有的属性称之为特殊属性。一个概念是属概念还是种概念不是绝对的，同一概念对于不同的概念来说，它可能是属概念，也可能是种概念。

一个概念的属概念和一个概念的种概念未必是唯一的。例如，自然数这个概念其属概念可以是整数，也可以是有理数，还可以是实数，而其种概念可以为正奇数也可以为正偶数，还可以为质数、合数。再如，四边形、多边形是平行四边形的属概念，矩形、菱形和正方形都是平行四边形的种概念。在教学中，要善于运用这一点帮助学生明确某概念都属于哪个范畴，以及又都包含哪些概念。将有关的概念联系起来，系统化，从而提高学生在概念的系统中掌握概念的能力。

（2）不相容关系

① 矛盾关系

只有学好并运用好概念的矛盾关系，才能加深对某个概念的认识。例如，

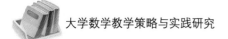

一个学生只有在不仅懂得了怎样的数是有理数，而且懂得了怎样的数是无理数时，这个学生才能真正把握无理数这个概念。在教学中要善于运用这一点，引导学生注意分析具有矛盾关系的两个概念的内涵，以便使学生在认清某概念的正反两方面的基础上，加深对这个概念的认识。

② 对立关系

有的同学认为，在整数范围内正数的反面就是负数，负数的反面就是正数，若将这种误解运用到反证法中去，必然导致错误。具有全异关系的两个概念是反对关系还是矛盾关系有时不是绝对的。例如，有理数与无理数在实数范围内是矛盾关系但在复数范围内却是反对关系。

任何两个概念间的关系或为同一关系，或为从属关系，或为交叉关系，或为全异关系，也就是说任何两个概念必然具有以上四种关系中的一种，只有在学科的概念体系中分清各概念之间的区别和联系，才能达到真正明确概念的目的。因而在教学中要善于引导学生在分清概念间的关系的过程中掌握各个概念。

4. 数学概念定义的结构、方式和要求

（1）定义的结构

概念是由它的内涵和外延共同明确的，由于概念的内涵与外延的相互制约性，确定了其中一方面，另一方面也就随之确定，概念的定义就是揭示该概念的内涵或外延的逻辑方法。揭示概念内涵的定义叫作内涵定义，揭示概念外延的定义叫作外延定义。

任何定义都是由三部分组成：被定义项、定义项和定义联项。被定义项是需要明确的概念，定义项是用来明确被定义项的概念，定义联项则是用来连接被定义项和定义项的。

（2）定义的方式

① 邻近的属加种差定义

在一个概念的属概念当中，内涵最多的属概念称为该概念邻近的属。例如，矩形的属概念有四边形、多边形及平行四边形等。其中平行四边形是矩形邻近的属。要确定某个概念，在知道它邻近的属以后，还必须指出该概念具有它的属概念的其他种概念不具有的属性才行，这种属性称为该概念的种差，如"一个角是直角"就是矩形区别于平行四边形其他种概念的种差。这样，就可以把矩形定义为："一个角是直角的平行四边形叫作矩形"。

② 发生定义

发生定义是邻近的属加种差定义的特殊形式，它是以被定义概念所反映的对象产生或形成的过程作为种差来下定义。例如，"圆是由一定线段的一动端点在平面上绕另一个不动端点运动而形成的封闭曲线"，这就是一个发生式定义，类似的发生式定义还可用于椭圆、抛物线、双曲线、圆柱、圆锥和圆台球等概念。

（3）定义的要求

① 定义要清晰

定义要清晰，即定义项所选用的概念必须完全已经确定。

循环定义不符合这一要求，所谓循环定义是指定义项中直接或间接地包含被定义项。例如，定义两条直线垂直时，用了直角（相交成直角的两条直线叫作互相垂直的直线），然后定义直角时，又用了两条直线垂直（一个角的两条边如果互相垂直，这个角就叫作直角），这样前后两个定义就循环了。

② 定义要简明

定义要简明，即定义项的属概念应是被定义项邻近的属概念，且种差是独立的，例如，把平行四边形定义为"有四条边且两组对边分别平行的多边形"是不简明的，因为多边形不是平行四边形邻近的属概念。如果把平行四边形定义为"两组对边分别平行且相等的四边形"也是不简明的，因为种差"两组对边分别相等"与"两组对边分别平行"不互相独立，由其中一个可以推出另一个。

③ 定义要适度

定义要适度，即定义项所确定的对象必须纵横协调一致。

同一概念的定义，前后使用时应该一致，不能发生矛盾。一个概念的定

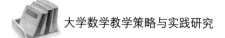

义也不能与其他概念的定义发生矛盾。例如，如果把平行线定义为"两条不相交的直线"，则与以后要学习的异面直线的定义相矛盾。如果把无理数定义为"开不尽的有理数的方根"，就使得其他的无限不循环小数被排斥在无理数概念所确定的对象之外，造成数概念体系的诸多麻烦以致混乱。

要符合这一要求，如果是事先已经获知某概念所反映的对象范围，只是检验该概念定义的正确性时可以用"定义项与被定义项的外延必须全同"来要求。

（二）数学命题

1. 判断和语句

判断是对思维有所肯定或否定的思维形式。例如，对角线相等的梯形是等腰梯形，三个内角对应相等的两个三角形是全等三角形，指数函数不是单调函数等。

由于判断是人的主观对客观的一种认识，所以判断有真有假。正确地反映客观事物的判断称为真判断，错误地反映客观事物的判断是假判断。

判断作为一种思维形式、一种思想，其形式和表达离不开语言。因此，判断是以语句的形式出现的，表达判断的语句称为命题。因此，判断和命题的关系是同一对象的内核与外壳之间的关系，有时我们对这两者也不加区分。

2. 命题特征

判断处处可见，因此命题无处不在。例如，在数学中，"正数大于零""负数小于零""零既不是正数，也不是负数"就是最普通的命题。命题就是对所反映的客观事物的状况有所断定，它或者肯定某事物具有某属性，或者否定某事物具有某属性，或者肯定某些事物之间有某种关系，或者否定某些事物具有某种关系。如果一个语句所表达的思想无法断定，那么它就不是命题，因此"凡命题必有所断定"，可看成是命题的特征之一。

第三节 高等数学教学的基本原理

一、问题驱动原理

问题驱动原理是利用人们的好奇心的机制、解决问题的机制来获取信息，使参与者更有可能主动运用信息来解答后面的问题。

应用问题驱动原理，首先要树立教学目标。大学数学教育，面对的是已经具有多年数学学习经验的成年学生。他们首先要问的是：为什么要学这门课程？我们必须从一开始就展示课程的目标，说明本课程要解决的问题，激发学生的学习积极性。

微积分课程的整体需要问题驱动，每一个大的章节也需要问题驱动。重要的概念，往往来自一个问题的求解，提出一个好的问题，能引起学生的学习兴趣，激发学生的探究热情，教学就能走出成功的第一步。除此之外，一个定理的产生也可以由问题驱动。

二、适度形式化原理

（一）形式主义数学哲学的适当运用

19世纪下半叶，数学观念发生了巨大变化。以微积分为核心的分析数学用语言得以完成严谨化的历程。希尔伯特将不够严谨的《几何原本》改写为《几何基础》，制定了完全严谨的欧氏几何的公理化体系。进入20世纪，形式主义、逻辑主义和直觉主义的数学哲学展开论战，结果是形式主义的哲学思潮获得了大多数数学家的认可。一些数学家追求完全形式化的纯粹数学，认为全盘符号化、逻辑化、公理化的数学才是最好的数学。法国布尔巴基学派

61

的《数学原本》是其中的杰出代表。但是，以计算机技术为代表的信息时代数学迅速崛起，形式主义的数学哲学思想渐渐退潮。20世纪70年代以后《数学原本》也停止出版。

不过，数学的形式化特点，永远不会消除。正如数学家和数学教育家弗莱登塔尔所说："从来没有一种数学思想，以它被发现时的那个样子发表出来。一个问题被解决以后，相应地发展成一种形式化的技巧，结果使得火热的思考变成了冰冷的美丽。"

迄今为止，学术形态的数学依旧是形式化地加以表述的。公理化、符号化及逻辑化，仍然是数学保持完全健康的绝对保证。形式化的技巧，是必须学习掌握的能力。形式化所显示出的冰冷美丽，更是理性文明的标志，绝对不可以否定或轻视形式化的数学表达。所要关注的是，怎样避免把火热的思考淹没在形式主义的大海之中。

过度形式化的数学在大学数学教育中也表现出来了。写在大学数学教材里的数学知识，也总是从公理出发，给出逻辑化的定义，列举定理，然后加以逻辑证明，最后获得数学公式、法则等结论，这是形式化的必然结果。至于隐含其中的数学思想方法，教材一般是不提，或者很少提的。

这就是说，尽管形式化的数学呈现出那种冰冷的美丽，非常可贵，应当引导学生学习、理解和欣赏，并且还能够加以掌握和运用，但是数学教育毕竟不能停留于此。成功的数学教学，还要进一步恢复当年发现这一美丽结果时的火热思考。

20世纪80年代前后，当形式主义数学思潮渐渐消退的时候，数学教育研究提出了"非形式化"的教学诉求。这种教学主张并非要全盘拒绝数学的形式化，而是说要适度地形式化。通俗地说，就是要把数学的形式化的学术形态，转换为学生易于理解的教育形态。

一般地说，形式化的严格的定义和数学证明来自实际的思考，所以，概念教学需要从非形式的问题入手。用问题驱动，借助朴实的语言、具体的例子来描述数学概念，让学生首先对所学概念有一个比较具体的认识，然后再用严格的数学语言进行定义。

同样地，定理的证明，也要根据问题的性质和特点，进行合情推理和猜想，找出思考的方向。不断探索解决问题的途径，甚至包括一些失败的尝试，这些都是非形式化的，但却体现了数学发现阶段的火热思考。下一步才是从不严格到严格，从非形式化的描述到形式化的描述。体现数学家在最初发现问题时"火热思考"的过程，正是数学教学创新的根本所在。

（二）不同"形式化"水平的适当选择

以微积分为例，就有以下几种形式化的水平。

特高的形式化水平。例如，将微积分和实变函数打通，将黎曼积分和勒贝格积分统一处理。

高要求的形式化水平。以 ε-δ 语言处理的微积分，即数学分析课程。

一般要求的形式化水平。整体上要求形式化表述，但对极限理论等的论证采用直观描述，辅以 ε-δ 语言的表述。

较低的形式化水平。全直观地解说微积分大意。

每一种水平都是合理的。我们要做的事情是根据教学目标的设置和学生的特点进行选择。

进一步说，即使是高水平的数学分析课程，也不能过度追求形式化，不可沉陷于烦琐的形式化陈述之中。

基石性的数学内容，不妨看作一个平台（借用计算机科学的一个名词），可以放心使用，却不必一一加以论证。正如我们会用 Word 软件打字写文件，却并不知其制作的过程那样，只知其然，不完全知其所以然。

这样的"平台"对数学教学有更特殊的意义。数学科学不同于其他学科，具有严格的逻辑结构。因此，数学的现代化不能废弃以前的理论，而要从古希腊的源头开始。例如，非欧几何的发现并不否定欧氏几何，现代分析学仍然建立在古典分析之上。那么，越来越多的数学内容怎样在时间有限的教学过程里加以呈现呢？我们只能采取跳跃式的前进方式，在保留一些数学精华的同时，将一些经典的结论作为"平台"接受下来。至于哪些理论作为平台，需要教师根据实际情形进行选择。例如，在微积分教学中，阐述闭区间上的

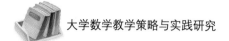

连续函数性质（有界性、最值达到性、介值性）的几个定理，可以严格证明，也可以选择不证明，画图说明，作为"平台"接受下来。这就是说，如能理解其意，以后会用来解释一些函数特征，也是一种关于形式化水平的选择。

三、数学建模原理

（一）数学建模的基本理论

1. 数学模型的概念和特征

所谓数学模型，是指对实际问题要进行分析，经过抽象、简化后所得出的数学结构，它是使用数学符号、数学表达式，以及数量关系对实际问题简化而进行关系或规律的描述。数学模型，就是用数学语言去描述和模仿实际问题中的数量关系、空间形式。这种模仿是近似的，但又尽可能逼近实际问题。数学模型有以下特点。

第一，数学模型不是一成不变的，而是不断发展的，开始时允许简单，然后与实际对照，修改模型，使模型越来越逼近客观。

第二，数学模型不是唯一的。因为建立模型时存在人的主观因素，不同的人对同一个研究对象所建立的数学模型可能不同，因此数学模型在发展过程中可以多种多样，好的模型得到不断发展，不好的则被淘汰。

第三，数学模型是实际问题的模拟或模仿。因为数学模型是研究事物所做的抽象化、简单化的数学结构。在建模过程中，对整个事物进行扬弃，抽取主要因素，舍弃次要因素，找出事物最本质的东西，但能够建立和现实完全吻合的数学模型是非常困难的，一般都是根据理想化或纯粹化的方法建立与现实近似的数学模型。

第四，数学建模教学和传统的数学教学不同，学生在掌握数学基本知识和方法的基础上，在教师的指导下，自己动手动脑去解决实际问题，对某一问题，可以独立去完成，也可以成立一个小组进行合作解决问题。对同一问题所得出的数学模型也可以不同。数学建模教学，就是把现实问题带到教室，用所学数学知识去解决问题的过程。学生对日常生活中的现实问题也怀有好奇心，比较感兴趣，他们通过观察和实验与现实交流，试图用所学数学知识去理解和解决现实问题。当现成的数学模型不能解决问题时，去探索适合于现实的新的数学模型。

2. 数学建模的含义

数学建模是解决各种实际问题的一种思考方法，它从量和型的侧面去考查实际问题，尽可能通过抽象（或简化）确定出主要的参量、参数，应用与各学科有关的定律、原理建立起它们的某种关系，这样一个明确的数学问题就是某种简化了的数学模型。

3. 数学建模的一般步骤

建模准备：要考虑实际问题的背景，明确建模的目的，掌握必要的数据资料，分析问题所涉及的量的关系，弄清其对象的本质特征。

模型假设：根据实际问题的特征和建模的目的，对问题进行必要的简化，并用精确的语言进行假设，选择有关键作用的变量和主要因素。

建立建模：根据模型假设，着手建立数学模型，将利用适当的数学工具，建立各个量之间的定量或定性关系，初步形成数学模型，要尽量采用简单的数学工具。

模型求解：建立数学模型是为了解决实际问题，对建立的数学模型进行数学上的求解，包括解方程、图解、定理证明及逻辑推理等。

模型分析：对模型求解得到的结果进行数学上的分析，有时是根据问题的性质，分析各变量之间的依赖关系或稳定性态，有时则根据所得的结果给出数学上的预测，有时则是给出数学上的最优决策或控制。

模型检验：模型分析的结果返回到实际问题中去检验，用实际问题的数据和现象等来检验模型的真实性、合理性和适用性。模型只有在被检验、评价、确认基本符合要求后，才能被接受，否则需要修改模型。一个符合现实的数学模型，一个真正适用的数学模型其实是需要不断改进的，要改到直至完善。

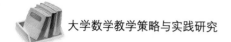

4. 数学建模的要求和方法

数学模型因不同问题而异，建立数学模型也没有固定的格式和标准，甚至对同一个问题，从不同角度、不同要求出发，可以建立起不同的数学模型。因此建立数学模型一般有如下要求。

① 足够的精度，即要求把本质的关系和规律反映进去，把非本质的去掉。

② 简单、便于处理。

③ 依据要充分，即要依据科学规律、经济规律来建立公式和图表。

④ 尽量借鉴标准形式。

⑤ 模型所表示的系统要能操纵和控制，便于检验和修改。

建立数学模型主要采用机理分析和数据分析两种方法。机理分析是根据实际问题的特征，分析其内部的机理，弄清其因果关系，再在适当的简化假设下，利用合适的数学工具得到描述事物特征的数学模型。数据分析法是指人们一时得不到事物的特征机理，而通过测试得到一组数据，再利用数理统计学等知识对这组数据进行处理，从而得到最终的数学模型。

（二）数学教学开展数学建模的意义

1. 通过数学建模教学，能增强学生应用数学的意识

现在的学生已掌握不少的数学知识，但是一旦接触到实际，常常表现得束手无策，灵活地、创造性地运用数学知识去解决实际问题的能力较低。而数学建模的过程，正是实践—理论—再实践的过程。

2. 通过数学建模教学，能培养学生相应的各种能力

数学建模面临的是实际问题，要将它转化为数学问题并将其解决，就要经过自己的细心分析。成功的数学建模特别需要想象力，因为知识是有限的，而想象力却是无限的，激励着人类进化和社会进步。实际问题往往是复杂的，能抓住主要因素进行定量研究，会使学生的分析、抽象、综合及表达能力都得到训练和发挥，同时也会培养学生推演、计算的能力和使用计算工具的能贴近实际和能够求解这对矛盾，需在各种因素中进行取舍，对所得信息进行筛选，会大大提高学生的应变能力。

3. 通过数学建模教学，能发挥学生的参与意识

加强数学建模教学，可改变传统的教学法，极大地调动学生自觉学习的主观能动性，促使学生互相探讨如何运用现有的数学知识解决遇到的问题，亲身体验解决问题后的成就感，打破学生潜意识中"数学高高在上，是聪明人的游戏"的观念，在参与中去亲近数学。

4. 开展建模教学，可以使学生转变受教育的观念

让以前在应试教育体制下，教学者只注重知识的逻辑推导而不去关心知识的来源与用途，学习者只关心解题水平的高低的观念得以改变。

（三）开展的数学建模教学的特点

1. 教学目标侧重点不同

开展的数学建模教学目标侧重于培养学生的应用数学的意识和初步掌握用数学模型来解决实际问题的方法。在教学中一般要选择条件易于发现，参数易于估计与假设的问题，是将数学建模作为沟通数学与现实之间的一种手段来利用的。而普通理工类本科院校中的数学建模课程是强调运用不同方法构造不同模型，从而为解决实际问题提出指导性策略，更强调数学建模科学决策、定量决策的功能，它的侧重点在于解决问题本身。

2. 开展形式不同

数学建模不是作为一门单独学科来教学的。由于数学课时紧张，建模教学不能完全在课堂时间完成，而是在课堂上从课本相关内容切入建模知识与建模训练，教师帮助学生在课堂上将建模关键步骤完成后，其他工作则以课外活动等形式完成。

四、开展的数学建模教学原则

1. 可行性原则

要求教师在数学建模教学中，既要为学生的再发现创造条件，又要为学生提供将所学的数学知识与已有的经验建立内部联系的实践机会，既要注意

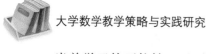

当前学习的可能性，又要注意潜在的发展。数学建模教学活动的内容和方法要符合学生的年龄特征、智力发展水平和心理特征，适合学生的认知水平，既要让学生理解内容、接受方法，又要使学生通过参加活动后，认知水平达到一定程度的新的飞跃。

2. 渐进性原则

数学建模教学与数学知识教学一样，应注意教学的渐进性原则。数学建模教学的渐进性主要体现为问题呈现的渐进性，呈现的问题按难度和复杂性由小到大可分为 4 个层次：识别性问题、算法性问题、应用性问题、情境性问题，其中识别性和算法性问题是数学建模的基础。

数学建模教学要遵循渐进性原则，第一阶段为基本应用阶段，在此阶段，学生的建模知识相对较薄弱，建模意识也不强，尚无数学建模经验，教师应精心选择一些较简单的、贴近学生生活经验的、适合学生学习情境的数学建模问题，由师生共同建立数学模型，但应以教师为主导、学生为主体。在建模过程中，教师应结合建模的一般含义、方法和步骤进行讲解，注意选择一些运用基本的数学方法就能解决的实际问题作为例题，重点放在如何运用数学知识刻画和构建模型方面，注重学生数学交流能力的培养，使学生初步了解数学建模的含义与方法，学会数学建模的一般过程和具体步骤，初步体验数学建模的思想和数学在日常生活中的作用，初步形成数学建模的意识。

第二阶段为探索性建模阶段。经过基本应用阶段数学建模的学习，学生已经形成了初级的建模意识，具备了初步的数学建模能力，教师应选择一些更具建模特点的典型问题情境提供给学生。问题情境提出后，师生共同分析，将实际问题数学化后，让学生亲自参与建模过程，利用有关数学知识和常用的建模方法，建立并解答数学模型，并根据问题的实际意义、具体背景，对解答结果进行检验、修正及评价。

第三阶段为情境性建模阶段，此阶段要求学生具备一定的数学建模能力，能够处理一些复杂的数学建模问题，一般只给出问题的情境和基本要求，要求学生根据具体的问题情境和基本要求，从一定的情境中发现问题并挖掘其中的有用信息，要求学生自行做出假设与设定一的已知条件，提出各种各样的模型构化方法，得出问题的答案，然后进行检验、修正和补充直至找出准确的数学模型。

3. 主动学习与指导学习相结合原则

教师要做的不仅是给学生示范数学建模的程序，更重要的是成为学生的启发者和引导者，引导学生从实际现象中发现问题、提出问题并解决问题。教师要成为学生建模的好引导者，必须注意以下两点：一是了解学生已有的数学发展水平，即了解学生已有的知识技能和元认知水平，包括是否能够可记起以前所学的相关知识、认识策略及解题策略等；二是利用精心设计的问题系列，清除学生的思维障碍或给予适当的方向性指导，即教师应依据教学目的和要求，结合学生的认知发展水平，精心设计数学问题情境，创设积极和谐的教学氛围，利用情绪对认知的促进作用，激发学生的兴趣，使学生形成主动的、迫切的数学建模愿望。积极和谐的教学情境也有利于学生数学建模的主动性和创造性的充分发挥。

4. 独立探究与合作探究相结合原则

数学建模教学应注重独立探究与合作探究相结合的原则，一方面强调发展学生的主体意识，鼓励学生积极主动地参与到数学建模的各个环节，要求学生独立思考、探究，进而提出解决方案；另一方面强调发展学生的合作意识，提倡采用小组学习、集体讨论等学习方式，以做到优势互补、发挥特长。简单的数学建模可由学生独立完成，复杂的数学建模可采用小组合作的学习方式。

五、影响学生数学建模能力的因素

（一）来自学生的内在因素

1. 数学阅读能力

数学建模的关键是将纷繁复杂的现实问题转化为数学模型。首先，学生必须根据题意整理数据，简化现实问题在传统的数学教学中，呈现在学生面前的题目都是数据简单、语言精炼、条件与问题都明显地写出来，不需要额外的假设，而在数学建模的过程中，呈现在学生面前的是一个现实生活中的实际问题，即文字贴近生活，但叙述较长，数据较多，信息量大，数量关系复杂，有许多隐藏的条件。因此，这就要求学生在阅读过程中，对信息进行加工处理，提取有用的信息，并分析这些信息的内在联系，然后用数学语言表达出来。

2. 简化现实问题的能力

与传统的数学教学相比，在高职的数学课堂中，虽然已经增加了许多让学生解决非常规的数学问题的题目，但当这些题目呈现在学生面前时，大多已经是课堂模型的状态，不需学生自己设置变量和条件，或者是变量简单，不需花大的功夫就能明辨条件和问题，所以在数学建模过程中，当学生需要自己寻找影响问题解决的变量，并设置条件简化实际问题时，他们会感到束手无策，有时会设错变量、遗漏变量，或不能正确地设置条件，使现实问题不能简化，因而不能成功地解决问题，实际上，模型假设表达建模过程中对主要因素的把握，对模糊因素的排除，乃至为数学方法的推演确立基础。

3. 了解比较广阔的应用数学知识

除了微积分、微分方程、线性代数及概率统计等基础知识外，建模过程中还会用到诸如线性规划、图论等有关应用数学知识，可以说任何一个数学分支都可能应用到建模过程中。由于高职学院数学是基础课，学时少，学生对高等数学的重视不够，导致在课余时间学习数学的积极性及压力不大。因此，学生自主学习应用数学知识的机会不多，在竞赛时可供选择的知识面窄，因此，不能很好地解决问题。

4. 语言的组织能力

从学生数学建模的过程可知，由现实问题转化到数学模型的过程中，学生需要将日常语言翻译成数学语言；而当学生用数学模型的解来解释课堂模型并回到现实问题时，就需要学生将数学语言再翻译成日常语言，这样的翻译过程需要学生具有一定的数学语言表达和组织能力。

5. 其他方面的能力

除了上述四个方面的能力直接影响到建模的过程和论文的撰写外，学生在计算机应用方面能力不强，也会影响求解的准确性和速度；此外，学生在意志品质方面所表现的不怕吃苦的精神也是竞赛取得成功的关键，无论是平时的集训还是三天的竞赛都是在炎热的夏季进行，尤其是竞赛的三天三夜，参加竞赛的同学都知道，没有吃苦耐劳、勇于战胜困难的决心和毅力是不能取得优异成绩的。

（二）团队协作精神是竞赛成功的关键

数学建模竞赛是以队为单位参加的，队员之间是否具有团结协作意识将直接影响竞赛的成功与否。实践证明，一个有良好关系的团队势必能战胜一切难以克服的困难，反之，即使成功就在眼前也可能与成功失之交臂。

六、数学建模的教学模式

（一）讲解—传授数学建模教学模式

1. 理论框架

讲解—传授教学模式的理论框架主要是苏联凯洛夫教学思想和美国奥苏伯尔的有意义接受学习理论，凯洛夫教学思想强调以教师系统讲解知识的课堂教学为中心，重视基础知识、基本技能的教学。奥苏伯尔曾根据学习进行的方式把学习分为接受学习与发现学习。

2. 实施过程

一般认为，讲解—传授教学模式包含明了道理、丰富联想、形成系统、使用方法四个阶段。在开展高职数学建模、教学活动的开始阶段主要应采取这一教学模式进行教学。在这个阶段，教师可选择一些简单的贴近学生生活，或由课本改编的基本数学建模题，以教师讲解为主，由师生共同建立数学模型，结合数学建模的一般含义、方法、步骤，进行讲解，使学生具有初步的建模能力，重点是如何运用数学语言刻画和构造数学模型。

3. 讲解—传授数学建模教学模式的认识

适当的启发提问，引导学生进行积极思考，有利于学生系统地掌握数学建模的知识，培养数学建模的兴趣，提高解决实际问题的能力。为了克服这一缺点，老师在教学过程中应穿插一些简短的提问或对话，应避免教师讲得多，学生参与得少，只重知识的传授，不注重能力的培养等，故此模式必须在正确处理好以下几个关系的基础上进行。

关于教师的讲授与学生的自主性学习问题。教学是教师传授和学生自主学习的共同活动，数学建模也不例外。数学建模教学一般包括教师、学生、建模内容和建模手段四个基本要素，对于讲授的理解通常包括两层意思：即传达、授业、解惑；后发、诱导、点拨也就是传授建模知识、建模方法并教给学生如何进行数学建模。而发挥学生的主体性作用并不是放弃教师的教学过程中对系统的建模知识的讲解作用，把从只关注于"教"转到只关注于"学"同样是片面的。

教师的主导作用，应体现在具体的数学建模教学过程中教师的活动上，而主导并非整个建模过程中，都以教师的活动为主体，更不是在每一个环节上都是教师在活动，学生始终处于从属活动的地位，在讲解—传授数学建模教学模式下，教师的讲授是最基本的方法，但这并不表明教学过程中的一切细节都必须由教师的讲解来完成，教师的主导作用并不能排斥学生的主体性和能动性的发挥。教师讲解的目的是唤起学生学习建模知识的愿景，启发学生浓厚的建模兴趣，培养学生良好的建模习惯。

教师的讲授中数学思想方法的渗透。数学建模教学过程中，蕴含着许多的数学思想方法。因此，教学应在建模方法研究和改进上下功夫，加强建模教学设计研究、指导学生掌握建模知识的认识程序，把建模知识的讲授与数学思想方法的教学有机地结合起来，在讲授建模知识的同时，更突出数学思想方法的教学。

善于系统讲授建模知识与发展能力问题。数学建模作为数学教育的一种新的教育形式，主要是通过数学课程系统地学习建模知识，并以系统地掌握数学建模知识为基础来发展能力、提升素质。数学由于本身的特性，抽象、概括、逻辑性强，因而历来被认为是进行思维训练、智力发展最好内容，为了发展学生的智力，在数学建模教学中应改变偏重建模知识而忽视智力发展的现状，加强对学生思维能力的培养，学生在数学建模学习过程中，特别强调要提高分析问题解决问题的能力，发展学生的智力。

（二）活动—参与数学建模教学模式

1. 理论依据

活动—参与数学建模教学模式是作为活动课程教学基本结构提出来的。"活动"即要求教学以学生活动为中心，"参与"即要突出学生的主体性，在数学建模教学活动中特别要强调学生学习过程中的智力参与。现代建构主义理论，增强学生的自主参与，认为数学学习过程是一个自我的建构过程，建构主义的数学学习观其基本要点是数学学习不应被看成是学生对教师所传授知识的被动接受，而是一个以学习已有知识经验为基础的主动建构过程。

因此，以建构主义理论为依据的数学建模教学模式特别强调教师提供资源创设情境，引导学生主动参与，自主进行问题探索学习，强调协作活动、意义建构，这里的"协作"是指学习者合作搜集与选取学习资源提出问题，提出设想并进行验证，对资料进行分析探究，发现规律，对某些学习成果进行评价。

教学活动作为学生发展的重要基础，首先是学生参与。其目的是促进学生个性发展。要体现学生主体性，就要为学生提供参与的机会，激发学生学习热情，及时肯定学生的学习效果，设置愉快情境，使学生充分展示自己的才华，不断体验获得新知和解决问题的愉悦。

2. 教学过程

教学过程一般包括如下五步。

（1）创设问题情境

创设合适的问题情境是引起学生对数学建模学习兴趣和求知欲的有效方法。问题情境的创设要精心设计，要有利于唤起学生的积极思维。创设合适的问题情境，应注意以下几个方面。

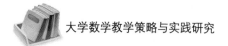

第一，问题情境的呈现应清晰、准确。

第二，能在问题情境中发现规律、提出猜想，进行探索、研究。

第三，问题的难度要适中，能产生悬念，有利于激发学生去思考。

第四，创设的问题情况不宜过多、过于展开，同时也不要太长，以免冲淡主题，甚至画蛇添足。

（2）进行活动探索

活动探索是这一教学模式的主体部分和核心环节，教师根据具体情况组织适当的活动。可以全班进行、小组进行，也可以是个人活动探索。学生按照教师的要求，对问题情境进行分析、研究，搜集、整理研究问题的相关数据，然后解决问题。

（3）讨论与交流

讨论与交流是这一教学模式必不可少的环节，也是培养合作精神，进行数学交流的重要环节。在学生积极与小组或全班的交流和讨论的过程中，通过发言、提问和总结的多种机会培养学生数学思维条理性，鼓励学生把自己的思维活动整理，明确表达出来，这是培养学生逻辑思维能力和语言表达能力的一个重要途径。

（4）归纳和猜想

归纳与猜想与前面的活动探索，讨论与交流密不可分。常常相互交融在一起。有时甚至是先提出猜想，再讨论与交流。猜想是一种灵活，要产生灵活，除了必须具有一定的数学修养外，还应该对面临的问题有比较深刻的理解。

（5）验证与数学化

提出猜想得出结论，还需要验证。通常有实验法，演绎法或反例法。教师要引导学生证明猜想或举反例否定猜想，让学生明白，数学中只有经过理论证明得出的结论才是可信的，

（三）引导—发现数学建模教学模式

1. 理论基础

引导—发现数学建模教学模式是以美国著名的认知教育心理学家布鲁纳

的认知发现学习论及其认知结构教学论为理论基础的。

现代数学教学理论特别强调"教会学生学习"。布伊纳认为，无论是学生独立进行的发现学习，或是在教师指导下进行的发现学习，都可以锻炼学生的思维，它是使学生的理智发展达到最高峰的有效手段。发现学习的根本目的在于促进学生在获取知识的同时，发展思维能力，培养独立思考能力和创造精神。注重知识的发生、发展过程，让学生自己发现问题，主动获取知识，是发现学习的主要特点。

"引导—发现"数学建模教学模式对于教师和学生来说，都是一个学数学、用数学的过程。特别对于教师来说，它的主张应通过这个过程让学生在发现问题、探索求解的实践活动中学习数学，加深对数学意义、功能的理解。树立学好数学的信心，学会数学的思维，提高用数学知识解决问题的能力和意识。教师的"引导"体现在为学生创设一个好的问题环境，激发起学生的探索欲望，最终由学生自主发现并解决面临的问题，并使获取的知识成为继续发现问题，获取新知识的起点和手段，形成新的问题环境和学习过程的循环。

采用这种模式进行数学建模教学，对教师、学生的要求都比较高，教师需要熟悉学生形成模型，掌握建模方法的思维过程和学生的能力水平，学生则必须具备良好的认知结构，而内容必须是较复杂的，符合探究、发现等高级思维活动方式。

通过一年来的教学实践，发现"引导—发现"数学建模教学模式有如下三个特点。

① 它是一种开放式的教学模式。它试图努力实现教学过程"两主"作用的有机结合。教师的主导作用体现在创设好的问题环境，激发学生自主探索解决问题的积极性和创造性上，学生的主体作用体现在问题的探索发现、解决的深度和方式上，由学生自主控制和完成。

② 它体现了教学过程由以教为主到以学为主的重心的转移。教师从培养学生能力的目标出发组织教学，知识本身不再是由教师"批发"来的"货物"。课堂的主活动不是教师的讲授，而是学生自主的自学、探索、发现解决问题。

③ 它是由他律向自律方向发展的教学模式。学生的自学能力、探索精神、

解决实际问题的能力的形成需要一个过程，而这个过程正是把教师的外部控制转变成学生的自我控制的过程，是由他律向自律转变的过程。"导学"是为学生提供一种学习的"模本"，是学生完成自学的体验和准备。而学生自己学会学习，掌握学习过程和方法，才有可持续发展的可能，这才是"导学"的最终目标。

2. 引导—发现教学模式的组成

引导—发现教学模式由以下四个环节组成。

① 设置问题或创设发现情境。根据教学内容的重点、难点可以采用以下的方式设置问题：让学生通过自学课本提出、发现问题，根据学生在作业中出现的错误设置问题，根据学生在学习、讨论、研究中的发现、引出问题，或从学生身边的生活实际导出问题。

② 收集信息并进行探索实验。在问题情境的驱使下，学生从不同的途径去大量收集与建模问题有关的资料，运用假设、实验等手段来探索问题情境，并训练学生根据建模实验结果推导理论的能力。在建模过程中，模型解的结果要经过实验的检验，检验不合理、不成立，就要求新分析数据资料、重新假设、重新建模。所以老师应不断丰富学生获得的信息、拓宽其探究活动的范围。学生独立活动并不排斥个体之间的合作与交流，相反，独立探索基础上的讨论与交流能增强个体对问题的研究兴趣及理解的深度，从而保证个体在学习过程中的"发现"成功率。

③ 引导发现，激励学生自主地解决问题。教师的"引导"是根据建模的内容，从设置问题情境，制定出与问题的各方面有紧密联系的研究方案，由浅入深，由简到繁，循序渐进地组织学生思维活动。难度可逐步加大，这与创设发现情境常常融为一体，在学生收集信息并进行实验验证后，应鼓励学生自己对问题做出解释。

另外，发现不仅包括学生发现某些规律或结论，也包括发现或提出新的问题。有时，发现问题比发现结论的思维价值更大。

④ 引导评价，及时归纳总结，巩固成果。引导学生对前面探索发现和问题解决的过程与结论进行自我评价和自我总结。如将探索发现的问题的条件一般化，结果是否有更好的适应性，探索发现的是否充分，问题解决是否有

效、彻底、简洁，得到的方法和结果有何意义，又有何应用价值。对于学生的评价或小结，教师还可以让学生做"评价"的评价，也可以让学生设计一些练习来巩固学习成果。

3."引导—发现"数学建模教学模式的利与弊

充分调动学生的主动性和积极性，在探索、发现的过程中培养学生的思维能力和创新精神，在数学建模教学中，老师应有针对性地选择一些富有思考性、探索性的问题，引导学生在发现中学习。因为发现法有两个效用：一是"愉快"，即能使学生在发现中产生"兴奋感"，能使数学建模教学比较生动活泼；二是"迁移"能力的提高，这是指学生从发现学习中能获得这样一种能力，在遇到类似的但未学习过的问题时其思维过程将大幅缩短，而获得举一反三的能力。

引导—发现教学模式的宗旨是要人们意识到并掌握科学探究的过程，而不仅仅是找到问题的答案。在这一模式中，师生比较平等，学生可以自由、自主地进行探究，也有利于发展学生的自控能力。这一教学模式主要应用在数学建模的高级阶段，在这一阶段，学生已有一定的建模能力，可以接触较复杂的应用问题，学生在采集有用信息时发现问题，并在教师的引导下解决问题。但在教学实践中发现此模式对基础好、智力好的学生有利，对基础差、智力差的学生不利，容易造成学生成绩上的两极分化。而且用此模式进行数学建模教学一般费时较多。

在实际的数学建模教学过程中，不能单一地采用某一种教学模式，应综合应用多种教学模式，相互补充，形成良好的整体结构。教学模式的综合应用，要从建模目的、建模要求、学生水平、教师能力及教学条件等多方面考虑。针对具体情况，选择、设计最能体现教学规律，最优化教学过程的教学模式，最大限度地开发学生学习的潜能，全面提升学生的综合素质。

教师要加强自身素养，做到知识常新、教法常新、教案常新，把教学作为一门艺术来对待，不断追求教学的个性化、艺术化与时代感。"教学有法，教无定法"是有序与无序统一的真实写照。因此，不能用几种简单的模式或格式来进行教学，数学教育不是面对少数人的"精英教育"，更不是为了培养

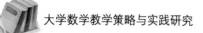
少数几个数学家的教育,面向大众的数学教育需要人人学好作为文化的数学。

对于一名成熟的高职数学教师来说,教学模式的作用不尽相同,会发生微妙的变化。随着教学素养日渐提高,教学信息的大量储存、教学经验的逐步累积,对丰富教学模式的内涵,可以起到积极的促进作用,教师应根据自己的不断借鉴、实践,深化对模式的认识、理解。

七、如何在高职教学中开展数学建模教学

(一)教师准备充分是开展数学建模教学的首要条件

1. 知识上的准备

对于教师在课堂上所做的一切,乃至最终对于学生所学到的一切,教师所掌握的知识是最为重要的影响之一,事实上建模教学可看作是数学素质教育的一种尝试,要适应这个教学模式,教师就要提高自身的数学专业素质。但事实上目前教师实际上所学来的数学应用知识寥寥无几,大多数只能口头向学生保证数学是有用的,努力规劝学生学习,却不能系统指明数学之用何在。因此,开展数学建模教学首先要求教师们对数学应用加以了解,学习关于应用数学的相关知识,并且注意在学中教,在教中学。

2. 观念上的准备

应认清学生与教师在建模教学中的地位。在建模教学中,学生不再是被动吸取知识的客体,教师应当调动学生积极性,强调学生主动参与。把教学过程更自觉地变成学生活动的过程,尊重他们以自己的生活体验所提出的运用数学解决问题的策略,让学生以积极的心态,通过自己的"再创造"活动使新知识纳入自己的认知结构中。教师在很大程度上应当适时扮演顾问的角色,提供求解建议,提供可参与的信息,但并不代替学生做出决断,还应扮演仲裁者和欣赏者,评判学生工作及成果的价值、意义、优劣,对学生有创造性的想法和做法加以鼓励。

应区分数学模型与数学建模在教学中的不同功用。数学模型是指通过抽

象和简化，使用数学语言对实际现象的一个近似计划，以便于人们更深刻地认识所研究的对象，它与建模在数学教学过程中有不同功用。在研究他人的模型时，人们关心的往往是如何从已知的模型中导出问题的答案。而数学建模重在建，是将面临的实际问题经过适当的提取、假设等过程，构造成自己的数学模型，在构建模型的过程中去体会应用。

（二）分步骤逐步深化

开展建模教学的重要方式——建模教学应由浅入深逐步开展，在操作过程中应注重相关能力的培养，注意以学生较熟悉的知识作为切入点引入"建模"这个陌生的事物，数学建模实际上是针对一个实际问题，通过辨识问题中变量之间的关系而把实际问题转化为由数学描述的形式。从而将其转化为数学问题，给出数学的解答。对建模得到的结果的处理运用，将数学语言描述的内容用通俗的、非数学工作者能理解、能够运用生活语言表达出来，使它能为更多的人所接受，训练方式可有如下几种。

1. 通过将课本中概念从实际引入来进行锻炼

数学概念是十分严谨的数学语言，如果在讲授概念时能结合实际，就可使学生将描述概念的数学语言与生活化语言相联系，从而完成从生活化语言向数学语言的转化。恩格斯曾指出：数和形的概念不是从其他任何地方，而是从现实世界中得来的。离开了客观存在，离开了从现实世界得来的感觉经验，数学概念就成了无源之水，无根之木，而只是主观自生的靠不住的东西。因此，将概念密切联系现实原型，引导学生分析日常生活和生产实际中常见的事例，有助于学生体会用数学语言描述的概念的现实意义。

对于教材中没有给出实际问题做背景的抽象概念，教师可适当选编一些实际生活中的问题来设置悬念，导入概念。

2. 注意引导学生发现生活中的数学语言

以准确、简明、抽象著称的数学语言正越来越多地进入人们的生活，应鼓励学生去发现。即使是很小的发现也应当鼓励，这样有助于学生认识到数学与客观现实之间的紧密联系，建立"数学可以清楚地描述现实"的观点。如用"＋"

"－"表示气温高低，天气预报中用到的降水概率，学生成绩单上的标准分及国家铁路局对旅客所带行李大小的规定中的不定方程的运用，等等。

3. 加强应用题训练，让学生熟悉建模情境

应用问题是非常好的进行建模初级训练的材料，因为它既带有相当实际的背景，又只需设定较少的变量，基本不需要进行各种参数的假设和估计便可建立如我们所熟悉的方程、不等式和函数关系式等简单模型。解答应用题的过程就是将实际问题转化为数学模型后得到结果再去解释实际问题的过程，正是由于在解答应用题时不必去将现实世界的情况先简化为现实模型，而且题目中给定的量相对具体，所以也不必将所得结果进行多次回忆、检验、调整，因此，应用题既可以使学生熟悉建模的情境与主要步骤，又不会使他们感觉到太难下手，通过这部分的训练，可使学生从文字语言叙述中挑选有用信息的能力增强，在教学中可结合课本进行这方面的训练。

4. 启发学生为课本习题编配实际"背景"

有时课本上一个简单的式子，可以有丰富的背景，鼓励学生展开想象，为这些式子配上相适应的背景，对学生是个很好的锻炼。

5. 选择"适合"问题，让学生完成建模的全过程体验

由于高职学生知识的局限性，不可能对所有的问题都能做出比较完整的解答，而且高职阶段进行教学的目标是培养学生初步分析问题、解决问题的能力，因此在建模教学中让学生体验建模全过程的问题就应当不求"广泛"而求"熟悉"。只需将学生熟悉背景的几个问题，甚至只是一两个问题拿出来，让他们在具有亲切感的环境中体验，只要学生能强烈体会到数学在自己身边的巨大作用，能够将自己熟悉的问题用所学得的知识分析解决即可。

6. 挖掘教材，在高职数学教学中渗透数学建模思想

数学教育不仅要教给学生数学知识，还要培养学生应用数学的意识、兴趣和能力，让学生学会用数学的思维方式观察周围的事物，用数学的思维方式分析解决现实世界中的实际问题。在数学的思维中渗透数学建模思想和方法的目的在于让学生知道数学有用和怎样用数学解决实际问题。例如，高职数学课程，其主要内容是微积分，它是人类两千多年智慧的结晶，它的形成

和发展直接得益于物理学、天文学和几何学的研究领域的进展和突破，如开普勒的行星三大定律、牛顿的万有引力定律、宇宙速度和火箭运动方程的导出等，都无不充满着深刻的数学思想和数学应用，有丰富的数学建模题材。

将数学建模思想和方法融入课程教学，以实际问题作为导入，结合实际问题的处理，介绍数学知识及分析处理问题的思想和方法，引导学生主动寻觅和学习知识，进行探讨式学习，在讲解过程中运用鼠标和图形，深入浅出，提高学生对知识的理解。将数学建模思想方法融到数学类的主干课程的时候，不应该采取形而上学的思维方式，简单地在概念或命题的外表上机械地套上一个数学模型的实例，把一个完整的数学体系变成处处用不同的数学模型驱动为支离破碎的大杂烩。毕竟数学类主干课程的原有体系是经过多年历史积累和考验的产物，没有充分的依据不易轻易彻底变动，采用渐进的方式将数学建模思想融入主干课程，挖掘教材在数学中渗透建模思想和方法，与已有的数学内容有机地结合，充分体现数学建模思想方法的引领作用。

（三）大学数学建模教学策略

1. 突出学生的主体地位

数学建模的特点决定了每一个环节的教学都要把突出学生主体地位置于首位，教师要激励学生大胆尝试，鼓励学生动口表述、动手操作、动脑思考，使学生始终处于主动参与，主动探索的积极状态。

2. 分别要求，分层次推进

在数学建模教学中，要重视学生的个性差异，对学生分别要求、个别指导、分层次教学，对不同学生确定不同的教学要求和素质发展目标。对优生要多指导，提出较高的数学建模目标，多给予他们独立建模的机会，使其能独立完成高质量的建模论文；对中等程度的学生要多引导，多给予启发和有效的帮助，使中等程度的学生提高建模的水平，争取独立完成教学建模小论文；对差生要多辅导，重在渗透数学建模思想，只需完成难度较低的数学建模问题，不要求独立完成数学建模小论文，使所有学生都能在数学建模教学中取得收获与进步。

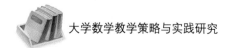

3. 全方位渗透数学思想方法

数学思想方法是数学知识的精髓，是知识、技能转化为能力的桥梁，是数学结构中强有力的支柱。由于数学建模问题灵活多变，数学建模教学过程中应是渗透数学思想方法的过程，从而使学生从本质上理解数学建模的思想，将数学建模知识内化为学生的心智素质。

4. 实施以推迟判断为特征的教学结构

所谓"推迟判断"就是延缓结果出现的时间，其实质是教师不要把"结果"抛给学生，要求教师在倾听学生回答问题特别是回答错误问题或回答得不太符合教师设计的思路时，应该有耐心，不宜立即判断，应精心组织学生与学生、学生与教师之间的教学交流。由于数学建模教学活动性强，教学成功的关键是教师要调动所有学生的探索欲望，积极参与教学过程，真正唤起学生主动参与的意识。教师通过启发诱导学生积极思考，组织学生进行热烈、紧张的讨论，使问题逐渐明朗化，直至最终获得满意的数学建模方案。

5. 重视分析数学建模的思维过程

教学实践表明，学生普遍感到数学建模难度大，其主要原因是数学建模的思维方式与学生所习惯的数学知识学习有明显差异。突破此难点的关键是要分析数学建模的思维过程，通过对建模发生、发展及应用过程的揭示，挖掘有价值的思维训练因素，抽象概括出数学建模过程所蕴含的数学思想和方法，发展学生多方面数学思维能力，培养学生创新意识，使每个学生各尽其智、各有所得、获得成功。

第四节　如何做好大学数学教学工作

一、关于备课

当接受一个教学任务，去上一门新课时，很自然地需要做好思想准备和工作准备。

不过,有些教师可能会觉得上课是"小菜一碟",容易得很。自己经过"十年寒窗",跟数学日夜相伴、浸润多年,现在博士学位也有了,去上本科生的基础课应该不成问题了。如果只从专业知识上讲.你已经远远超过本科的数学基础课水平,那点微积分、线性代数还能不懂?但是,进行数学教学不是自己懂就行.还得要让学生懂。俗话说:"要给学生一杯水,自己要有一桶水。"这就需要教师将知识系统化、精细化,即能够深入浅出地将数学知识的学术形态转化为学生容易接受的教学形态。

根据"数学分析"课程的特点,有以下几条重点要求。

① 概念的描述尽可能用多种方式,如图形的方法、数值的方法,以帮助学生充分理解和掌握概念。

② 注意数学思想和数学方法的阐述,用微积分发展的历史说明数学思想的重要作用,提高学生的数学素养。

③ 学会用良好的语言和书面文字表达数学问题,并能解出问题的解。

④ 宏观上掌握实数理论,能解释实数的数学意义。

⑤ 能够从"变化率"理解导数的含义,从局部线性近似理解微分的含义,特别要理解局部线性近似思想的重要性。熟练掌握导数和微分的计算,能用导数和微分解决一系列应用问题。

⑥ 理解定积分的思想,掌握定积分的定义和变上限积分的意义,理解微分与积分的关系,熟练掌握积分的计算,并能用积分解决一系列应用问题。

⑦ 善于从局部与整体关系的哲学高度认识微积分。

⑧ 培养学生将微积分作为知识的整体和人类文明的成就来评价与欣赏。

二、关于组织课堂教学

第一节课很重要,它往往会决定学生是否认可你作为任课教师。

第一节课上完了。可以听听学生的反映,自我总结一下。

第一节往往是绪论课,如何讲得生动?

你是否谈到大学生的学习方法，怎样学习才能适应本课程的教学？

有人建议，通过本课程的建模活动打响第一炮，可行吗？

你是否早到课堂几分钟，和同学们做简短交谈？

你的着装、举止是否得体？具有亲和力吗？

你的讲话声音是否让每一个人都听到了？

你写的板书，是否让每一个人都看清楚了？

多媒体的运用是否成功？需要改进吗？

你的眼神是否和许多同学交流了？

你的讲授是否经过组织，清楚地表达出来了？

组织课堂教学要注意以下几点。

第一，要有计划。有教材、教学进度、课程表、教具（包括多媒体）和一份体现自己追求的教学方案。做到心中有数。不能临时应付。

第二，要具备讲授的基本要素。如声音、板书、对话、演讲及展示等能力，能够把你要传达的信息清晰地传达给学生。有些新教师缺乏经验，写了板书却用自己身体挡住了学生的视线，而且往往自己不觉得。

第三，善于提纲挈领把课程"讲清楚"。有清晰的思考线索，逻辑关系清晰，突出重点，有明确的数学思想方法。笔者听过的有些课，杂乱无章。依着自己的思路随便说，别人听起来糊里糊涂。

第四，采用启发式，这是传统。目的是调动学生的学习积极性，吸引他们的注意力。把教材中形式化的、冰冷的美丽，转换为火热的思考。讲课要符合学生的心理特点，包括讲点小笑话，数学的或与数学有关的趣闻轶事，等等。不要板着面孔，好像在背书。

内容，展现新概念、定理和证明的思维过程，总结并布置作业。掌握时间，适时下课。

习题课的内容组织应该比较自由，可以看成是正课的补充和加深，解决学生在作业、复习中发现的问题。习题课的内容不像正课那样有条理，组织不好就会感觉比较凌乱，减弱学生的注意力。所以需要我们理顺教学内容，除了配合正课教学内容外，要针对学生问题精选例题，并且设计一些能引导学生积极参与的活动。可以利用习题课内容组织比较自由的特点，做一些正课不容易做到的事情，比如师生互动、学生自主讲课等。通常会采用以下两种方法。

第一种方法是在每次习题课上教师会留几个题目让学生上黑板解题，大部分老教师都会采用这种方法。题目有难有易，容易的题目观察基本概念和基本方法是否掌握，让成绩一般或较差的学生来做。较难的题目锻炼学生的能力，请学习成绩比较好的学生来做。学生完成后进行讲解，有错误的指出错误的原因，做得好的进行表扬，指出其解题中的亮点。时间允许的话，请学生上讲台讲解，形成互动。上黑板的学生是课堂上随机挑选的，因此学生的注意力就会比较集中，因为谁都希望受到表扬，不希望挂在黑板上。

第二种方法一般一学期最好只用一到二次，称其为"学生讲课"活动，就是安排一次习题课时间，请4～5位学生上讲台讲解某个专题，每个学生讲15～20分钟。专题有些是教师定的，有些是学生自己找的，只要是与近阶段学习内容有关的都行。通常笔者会提前两周布置，学生有充分的准备时间。讲解所需的所有材料都由上台演讲的学生自己准备。至于哪位学生上讲台，通常是学生推举和自我推荐相结合。学生讲完后教师会点评，在下面听的学生也可以发言提问。

这样的课气氛活跃，互动性强，效果很好。上讲台的学生得到了锻炼，听讲的学生也得到了提高，长了见识。

第三章　大学数学教学的理论基础

第一节　数学方法论概述

一、数学方法论的含义

一般来说，数学方法论是数学方法的理论，那么什么是所谓的"数学方法"？有学者认为，数学方法不仅是指数学研究的方法，它也是一种数学学习方法和教学方法。此外，在相关的数学方法论中，我们还可以看到"数学方法"的以下解释："使用数学语言来表达状态、关系和事物的过程，执行推导、计算和分析问题，解释、判断和预言。"这是从数学的角度来建议、分析、处理和解决数学问题时采用的方式、手段、路径等，包括数学形式的转换。

通俗地讲，数学方法主要指应用数学去解决实际问题。该数学方法具有以下三个基本特征：一是高度抽象和概括；二是准确性，即逻辑的严谨性和推理的确定性；三是应用程序的普遍性和可操作性。数学方法在科学技术研究中发挥着重要作用，提供精确的形式语言，提供定量分析和计算方法，最后为逻辑思维提供工具。现代科学技术，特别是计算机的发展，与加强数学方法的地位和作用相辅相成。

徐利治在《数学方法论选讲》一书中说，数学方法论是对数学发展规律、数学方法和发明，以及创新的重要研究和探讨。数学方法论是一种科学方法，它使用数学语言表达事物状态、关系和过程，经过推导、运算和分析，从中得出解释、判断和预言的方法。此说法是数学教育领域相对公认的说法。

　　为何学习数学方法？从上面的定义，可以简单回答。学习和研究数学方法的目的是正确理解数学，有效地使用数学，更好地发展数学。每个学科都有自己的内部发展规律，数学也不例外。从认识论的角度来看，数学是一个模式真理，这样的模式是客观的。同时，每个数学知识都来自具体的真实原型，因此数学是种将人们从特定问题中抽象出来的模式，而且这种模式在不断发展。教师不仅要教授学生基本的基础数学和推理，还要教学生如何发现数学、发展数学和应用数学，让学生了解数学的源和流。解决这些问题的关键是学习和研究数学方法。然而，有些人可能会问：没有学过数学方法的数学老师就不能教好学生，创造数学吗？首先，我们需要解决一个问题：我们如何才能很好地教育学生？普通人认为他们学到的数学知识融会贯通，考一个好成绩就可以了。这是事实，教学的目的之一是教导学生学到基本知识和技能。好的数学老师对教导数学有着特殊的理解，也许他没有学过数学方法论，但他是理解推理的大师和数学方法论的专家。许多数学方法论专家都是著名的数学家，他们总结了自己研究的思想和方法，并形成了数学方法论的核心。例如，美籍匈牙利数学家波利亚的名著有《怎样解题》《数学的发现》《不等式》《数学与猜想》等；中国数学家徐利治的名著有《数学方法论选讲》《数学方法论教程》《大学数学解题法诠释》《徐利治论数学方法学》等。再如，国内外著名数学物理专家曹策问没有学过任何数学方法论，但他的教学方法得到了学生们的一致赞赏。重要的是要知道点集拓扑结构不是一门易于理解的大学高级课程，可是听过曹老师讲过这门课程的大学生在应聘工作时就能讲解这门课。这表明学生非常了解这门课程。那么，曹策问是如何教学生的呢？他用了什么样的教学方法？这很值得探讨。此外，他创造发明的物理学数学分支——非线性方法，在世界上也是独一无二的。他的学术报告不仅内容丰富，而且充满了数学哲学。他是如何做到的？原因应该是他在学习和研究数学之后，知识升华到一定程度上，升华的结果丰富了数学方法论的理论。但是对于大多数人来说，达到这样的程度并不容易，甚至是不可能的，所以人们传播已经发展、提炼出的数学思维方法。

从数学教育的角度来看，数学方法论对数学教师来说实际上是一个更高的要求，不仅是具体的数学知识传授，还有对学生进行数学方法论的教育和培训，两者之间存在着互补的辩证关系。就数学教学活动而言，我们只能运用数学思维方法的分析来推进特定数学知识的教学，使我们能够在数学课上"学习"和"深入"。所谓的"讲活"，意味着教师允许学生通过自己的教学活动让学生看到"活生生"的数学研究；所谓的"讲懂"，意味着教师应该帮助学生真正理解相关的数学内容，而不是死记硬背；所谓的"讲深"，意味着教师不仅要让学生在教学过程中掌握一定的数学知识，也应该帮助学生了解内在的方法。从数学方法论的角度来看，只有与特定数学知识的教学紧密结合并真正渗透到其中时，才不会借题发挥和纸上谈兵。总之，学习和研究数学方法将对提高数学教育质量、提高教师的数学教育和学术研究水平起到积极作用。以数学为职业的"数学工作者"，包括中学和大学的数学教师及一些数学研究人员，为什么要专注于数学方法论的研究？数学工作者总是希望能有所作为和创新，特别是数学教师，总是希望能够教出更多有能力的学生。数学思想和方法的渗透教学可以培养出具有高度数学理解能力的学生，使他们可以在青年时期脱颖而出，做出创造性的贡献，并在数学方面取得进步。我们在历史上看到过许多这样的先例。

二、宏观的教学方法论与微观的教学方法论

一般来说，研究数学发展规律是一种宏观的数学方法。宏观数学方法可以先把数学的内在因素放在一边，通过历史研究并揭示数学发展的动力学和规律。数学思想研究和数学发现、发明、创新的规律属于微观数学方法论。今天，数学界更加一致的观点是，数学学习和数学课程属于数学学习理论和数学教学理论领域，它与数学方法论和课程理论一起构成了数学教育的主要内容。数学方法主要是指应用数学解决实际问题的方法，实际问题还包括数学的内部问题。由于这种方法的关键是构造相应的数学模型，因此它也被称为"数学模型方法"。数学模型方法被视为数学方法论的重要组成部分，但数

学方法的研究远远超出了数学建模方法的范围，特别是集中在数学内在的研究方法之上。至此，可以更为明确地提出微观的数学方法论的定义。通过关注数学家的个体研究活动，我们可以分析数学内部结构中的具体问题，而不考虑数学发展的外部驱动力，即关注数学的思想方法和数学发明创造的启发性法则研究属于微观数学方法论。本书主要从数学研究的角度讨论微观数学方法论，并从数学方法论的角度讨论数学教学和数学学习的效率。

事实上，在不同的场合人们常以两种既有区别又有密切联系的含义来理解"数学方法"。例如，工程师会把它理解为数学模型方法与计算方法；科学工作者会把它理解为描述客观规律、进行定量分析的工具；数学研究人员则常常把它与"单纯形方法""有限元方法""差分方法""优化方法"等专业方法有机联系；而数学教师又多半会把它看成是解题方法。对数学方法的不同理解反映了数学这一科学门类有应用广泛的特性。数学方法体系同数学学科本身一样是极为多元的，与此相应的是大量不同的关于数学方法的分类。数学方法可分为以下四个层次：

① 数学发展和创新的方法；

② 运用数学理论研究和表述事物的内在联系及运动规律的方法；

③ 具有一般意义的数学解题方法；

④ 特殊的数学解题方法。

上述四个层次中数学发展和创新的方法应属于宏观数学方法论的范畴，其余三个层次均属于微观数学方法论的范畴。

第二节　数学思想方法与思维模式

一、数学思想方法

数学思想是指人们对数学理论和内容的理解，数学方法是数学思想的具体形式，它们本质上是相同的，往往被混淆为数学思想方法。数学思想方法在人类文明中的作用体现在数学与科学的结合，以及数学与社会科学的结合上。数学思想方法是大学数学课程中的重要文化点。数学思想方法是数学理论的灵魂和指导思想，主要包括七种思维方式：函数与方程、数形结合、分类与整合、化归与转换、特殊与一般、有限与无限及必然与或然。在课堂练习中，我们应该小心改进这些数学思想方法。根据知识的历史演变顺序和课程内容顺序，引导学习者从文化思维的角度审视相关内容，使学生理解知识的精神实质。文化教育与良好的教育材料密不可分，很少有融入文化性的大学数学教材。如果教科书能够向学生介绍数学事实的背景和相关数学家、数学故事，那么学生不仅可以掌握数学知识，还可以学习数学技能，体验数学思维过程，促进他们的数学学习。

（一）化归与转换

所谓的化归就是将未知的、未解决的问题转化为已知的、已解决的问题并解决问题的过程。在数学课程中，在解决数学问题时会经常使用化归与转换的思想。学生必须理解和掌握化归思想，将其转化为自己的基础数学教育，并有意识地运用化归的思想。转换更多指等价转换。等价转换是思考如何将未知解决方案的问题转化为可在现有知识中解决问题的重要方式。持续将未知转换，把非标准和复杂问题转化为熟悉的、标准化的，甚至模块化的简单问题。转化的想法无处不在，我们需要不断发展和拓展学生的数学意识，这有助于学生强化解决数学问题的应变能力，提高他们的思维、意识和能力。转化可分为等价转化和非等价转化。等价转化需要转换过程中的因果关系，以确保转换后的结果仍然是原始问题的结果。非等价转化的过程是充分或必要的，让人们能够对推论进行必要的修正（因为无理方程和有理方程需要验根），这让人们能够在解决问题时找到突破口。在应用时，我们必须意识到转化的等价和非等价的不同要求，确保在等价转化时实现等价性，并确保逻辑正确性。

（二）有限与无限

有限和无限之间存在根本区别。初等数学主要研究常数并更多使用有限性，高等数学主要研究变量，更多用到无限性。因此，找出有限与无限之间的联系和区别是一项重要的数学技能。例如，芝诺的悖论是"阿基里斯无法追到乌龟"。阿基里斯是古希腊神话中速度最快的神，而乌龟是一种爬行非常缓慢的动物，即使乌龟先爬上马路，阿基里斯也应该很快赶上乌龟。但芝诺说他可以证明阿基里斯永远不会超过乌龟。他是这样证明的：让我们假设乌龟首先爬上一段、到达 A 点。如果阿基里斯想要赶上乌龟，他必须先到 A 点。当阿基里斯到达 A 点时，乌龟同时爬到 B 点。如果阿基里斯此时想要赶上乌龟，他必须去 B 点。当阿基里斯再次从赛道、跑到 B 点时，乌龟同时爬到 C 点。当阿基里斯跑到 C 点时，乌龟爬到 D 点。当阿基里斯跑到 D 点时，乌龟又爬到了 E 点。

这样的话，阿基里斯永远不会抓住这只乌龟。事实上，虽然表面上阿基里斯似乎必须走无限远的距离才能赶上乌龟，但实际上无限距离的总和是有限的。关于"无限距离的和可能有限"的问题，学生可以想象无穷递缩等比数列的总和。这样的序列具有无限倍数，但无限倍数的总和是有限的。芝诺故意将有限的距离划分为无限的部分，创造了一种永远无法追上的错觉。

（三）西教与方程

函数思想是用函数概念分析、转换问题及函数概念解决问题。方程思想从问题的数量关系入手，通过使用数学语言将问题的条件转换为数学模型，然后通过解决问题或方程组（不等式组），最后解决问题。

函数描述了数字之间的关系，函数思想根据问题的数学性质创建了函数关系的数学模型。在解决问题时，最好挖掘问题的隐含条件，并构建函数解析式和妙用函数的属性，它是应用函数思想的关键。如果对给定问题的观察、分析和评估更加深入、完整和全面，则可以生成两者之间的关系并构建函数原型。此外，方程问题、不等式问题和一些代数问题也可以转化为与它们相

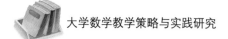

关的函数问题。

笛卡尔方程是：实际问题→数学问题→代数问题→方程问题，即将任何问题转化为数学问题，将任何数学问题转化为代数问题，并将每个代数问题归结为解方程。我们知道，一般都是通过解方程来实现求值问题。列方程、解方程和研究方程的性质都是方程理论应用中的重要考虑因素。

（四）数形结合

数形结合是数学思想的重要方法，包括"以形助教"和"以数辅形"两个方面。数形结合的应用大致可分为两种情况：一是用形的生动性和直观性阐明数字之间的联系，即应用函数图像的手段来直观地解释函数的本质；二是借助数的精确性和严密性来说明图的一些属性，即以数为手段，以形作目的，如应用曲线方程以准确地阐明曲线的几何属性。

数形结合是基于条件和数学问题的结论之间的内在关系，它不仅分析代数意义，而且揭示其几何直观，从而让量关系的精确刻画与空间形式的直观形象和谐地结合在一起。使用此结合，找到问题的解决方案，使复杂化的问题变得简单化。

数形结合的本质是抽象数学语言与直观图象的结合，关键是代数问题和图形之间的转换。如果使用数字和形式的组合来分析、解决问题，必须注意三点：第一，必须彻底理解概念和运算的几何意义及曲线的代数性质，既分析数学问题中的条件和结论的几何意义，又要分析其代数意义；第二，正确设置参数，合理使用参数，建立关系，做好数形转换；第三，确定参数的取值范围。

（五）分类与整合

分类是一种逻辑方法，一种重要的数学思想，也是一种重要的解题策略，它体现了化整为零、积零为整的思想方法。分类讨论思想的数学问题显然是合乎逻辑的、全面的和具有探索性的，可以培养人思想的条理性和概括性。在回答分类和讨论的问题时，基本方法和步骤是：首先，确定讨论对象的整个范围；其次，确定分类标准，合理分类，标准是统一的，没有遗漏的，分类互斥（不重复）；再次，对所分的类再次逐步讨论，分级讨论，得到阶段性的结果；最后，归纳总结并得出结论。

（六）特殊与一般

特殊和一般是重要的数学思想方法。作为对客观事物的一种理解，数学与其他科学概念一样，遵循"实践→认识→再实践"的认识过程。然而，数学对象（数量）的特殊性和抽象性产生了特殊的认知方法和理论形式，这些方法和理论形式在数学认识论中产生了独特的问题。"一般"是指数学认识的一般性。数学与其他学科一样，遵循感性具体—理性抽象—理性具体的辩证认识过程。"特殊"是指数学知识的特殊性。数学研究事物的量的规定性，而不是事物的质的规定性。数量在事物中是抽象的，是不可见的，只能通过思维来掌握，思维有其自身的逻辑。因此，数学对象的特性决定了数学理解方法的特殊性。

（七）必然与或然

"必然"是合乎一般规律，因此事件的结果具有更大的确定性；"或然"是规律发生作用的条件具有复杂性，因此事件的结果表现形式相对不确定。世界上的一切都是多样的，人们对事物的理解是从不同角度进行的，人们发现事物或现象可能是确定的，也可能是模糊的或巧合的。为了理解随机现象的规律性，便生成概率论这一数学分支。概率是一门调查随机现象的学科。随机现象有两个基本性质：一是结果的随机性，即重复相同的测试，得到的结果不一定相同，因此测试结果无法在测试前预测；二是频率的稳定性，也就是说，在重复的测试中，每个测试结果发生的频率是"稳定"的。要了解一个随机现象，就要知道这种随机现象的所有可能结果，并知道每个结果出现的概率。概率研究的是随机现象，研究过程是在"随机"中找到"必然性"，然后用"必然"规律来解决"偶然"问题。其中所体现的数学思想就是必然与或然的思想。

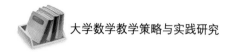
二、数学思维模式

在《数学思维理论》中，任樟辉指出，数学思维是针对数学活动来说的，通过数学问题的提出、分析、解决、应用和推广等工作获得数学对象（数量关系、空间形式及结构模型）的本质和规律性的认知过程。这个过程是通过人脑的意识对数学对象信息的接收、分析、选择、处理和整合。它是一种高级神经生理活动，也是一种复杂的心理过程。

（一）教学思维的含义

数学以数字和形状作为研究对象，数学思维是一种特殊的思维方式，它是对数学对象、数学符号和数学语言的间接、概括的反映过程。数学思维是通过数学符号和数学语言，使用数字和形式作为思想对象，通过数学判断和数学思维揭示数学对象的本质和内部联系的过程。数学思维使用数学活动作为建立数学知识的工具，通过提出问题、分析问题和解决问题，然后以引申、推广问题等形式，形成数学知识，概括总结数学的概念、思想和方法（包括思维方式和方法）以认识和改造客观世界。

数学思维与数学方法有关，数学思维应以数学结果的形式表达，数学过程是获得这些结果的思维过程，而数学方法本质上是数学思维活动的方法，包括数学的思想、概念，构建并找到数学的方法、数学证明方法和数学应用方法。数学思维除了具有明显的普遍性、抽象性、逻辑性、精确性和定量性外，还具有问题、类比、辩证法、想象性和猜测性，以及直觉、美的特征。数学思维不是孤立的心理活动。数学思维具有多种思维品质，如灵活性、关键性、原创性、敏捷性、突发性、价值性、飞跃性和整合性等。

（二）大学教学中重要的思维模式

数学思维方式的形成和应用是数学思维的另一个基本过程。大学数学包括多种思维模式，下面将着重就以下模式进行介绍。

1. 逼近模式

逼近模式是通过接近目标并逐渐连接条件和结论来解决问题的方式。其思考程序为：

① 把问题归结为条件与结论之间的因果关系的演绎；

② 选择适当的方向逐步逼近目标。

逼近模式有正向逼近（顺推演绎法）、逆向逼近（逆求分析法）、双向逼近及无穷逼近（极限法）等。

2. 叠加模式

叠加模式是运用化整为零、以分求和的思想，来对问题进行横向分解或纵向分层，并通过逐个击破进而解决问题的思维方式。其思维程序是：

① 把问题归结为若干种并列情形的总和或者插入有关的环节构成一组小问题；

② 处理各种特殊情形或解决各个小问题，将它们适当组合（叠加）而得到问题的一般解。

上述意义上的叠加是广义的，一般解可以从特殊情况的叠加中得到，或者子问题可以单独解决，并且叠加结果来解决问题。建立小目标的条件和结论之间存在一些中间点。最初的问题被分解为几个子问题，因此前一个问题的解决方案是解决后一个问题并叠加结果以得到最终解决方案的基础，并且还可以引入中间或辅助元素来解决问题。

3. 变换模式

变换模式是通过适当变更问题的表达形式使其由难化易、由繁化简，从而最终解决问题的思维方式。其思维程序是：

① 选择适当的变换［等价的或不等价的（加上约束条件）］以改变问题的表达形式；

② 连续进行有关变换，注意整个过程的可控制性和变换的技巧，直至达到目标状态。

变换模式是变更问题的一种方法。通过适当变更问题的表达，使其由难变易，从而解决问题。变换模式具有等价转换和不等价转换。

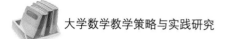
所谓的等价变换是指将原问题变为新问题，使两者的答案相同，即两种形式是相互必要和充分的条件。高等数学求极限方法中的等价无穷小替换、洛必达法则、求积分的换元法及分部积分法都是等价变换。等价变换的特殊形式是一种恒等变换，包括数字和方程的恒等变形。使用泰勒公式来找到极限是恒等变换。线性代数中的求解线性方程组（群）使用方程的通解变形，这也是等价变换。

非等价变换意味着新问题扩展或限制了原始问题的允许范围。例如，应用一种运算（平方、对数等），形式地套用了某些法则增加或减少命题的条件，加强或削弱命题的结论等都会导致不等价的结果。例如，在高等数学中，使用对数求导法求导数有时就是不等价变换，求解二阶常系数线性齐次微分方程时，将微分方程转化为代数方程也是不等价变换。

4. 映射模式

映射模式是将问题从本领域（或关系系统）映射到另一个领域，在另一个领域求解后，返回到原始域来解决问题的思维方式。它与转换模式基本相同，但转换通常是从数学集到自身的映射。它的思维程序是：关系—映射—定映—反演—得解。

较具体的一些映射模式有：几何法、复数法、向量法及模拟法等。

5. 函数模式

函数模式是通过建立函数以确定数学关系或解决数学问题的思维方法。它是传达已知和未知元素之间辩证联系的基本方法，其思维程序是：

① 把问题归结为确定的一个或几个未知量；

② 列出已知量与未知量之间按照所给条件必须成立的所有关系式（即函数）；

③ 利用函数的性质得出结果。

6. 交轨模式

交轨模式是一种思维方式，通过将问题的条件分离以形成满足每个条件的未知元素的轨迹（或集合），然后在其上叠加未知元素来解决问题。它与功能模式有一些共同之处，其思维程序是：

① 把问题归结为确定一个"点"，或一个解析点，或某个式子的值，或某种量的关系等；

② 把问题条件分离成几个部分，使每一部分都能确定所求"点"的一个轨迹（或集合）；

③ 用轨迹（或集合）的交确定所求的"点"或未知元素，并由此得出问题的解。

7. 退化模式

退化模式是使用联系转化的思想，将问题按某个方向后退到能看清关系或知道解法的地步，然后以退为进以得出问题的结论，其思维程序是：

① 将问题从整体或局部上后退，化为较易解决的简化问题、类比问题或特殊情形及极端情形等，而保持转化回原问题的联系路径；

② 用解决退化问题或情形的思维方法，经过适当变换以解决原问题。

退化模式有降次法、类比法、特殊化法和极端化法等。

8. 递归模式

递归模式是通过确立序列相邻各项之间的一般关系和初始值来确定通项或整个序列的思维方式。它适用于在自然数集中定义的一类函数，它的应用思维程序是：

① 得出序列的第一项或前几项；

② 找到一个或几个关系式，使序列的一般项和与它相邻的前若干项联系起来；

③ 利用上面得到的关系式或通过变换求出更为基本的关系式（如等差关系、等比关系等），递推地求出序列的一般项或所有项。

第三节　大学数学教学原则和目的

大学数学教学必须严格遵循下面几项原则。

第一个是"实用性原则"。如果数学不实用，就不应该包含在教科书中，这与通常所说的"数学是科学语言"相对应。每个大学教师都知道数学是许多学科的基础，是学习解决问题不可或缺的工具。许多科学研究进行到一定程度后都可归因于某类数学问题。例如，在近年来出现的新兴跨专业学科"生物信息学"中，许多困难问题最终都可以追溯到某个数学问题。数学进一步发展的原因正是其他学科在发展过程中对数学提出的挑战，这成了数学发展的长期动力。数学为其他学科提供了工具，它也拓展了自我发展的道路，这是数学存在和发展的意义。

第二个是"理论的原则"。中国的中学教育非常注重培养学生的数学思维能力，大学教育是中学教育的延续，教育价值也有其内在的延续性。因此，在大学数学教育中，有必要提高学生的思维和逻辑技能，这不仅是理论原则教学价值的具体体现，也是大学生进入社会所必需的素质。陈建功指出，数学具有逻辑推理的教育价值，对数学教育理论原则的忽视无异于数学教育中的自杀。本文之所以重提数学推理教学价值，是因为数学具有这种特殊性。数学思维可以分为三个基本类别：解决问题的技能、表征技能和推理技能。然而在实践教学中，教师倾向于关注数学结论的推理而忽略了数学思维的前两种能力，而一些教师更倾向于关注结论的应用和解题技巧，这无异于让学生"丢了西瓜，捡了芝麻"。

第三个是"心理的原则"。大学的数学教育应该站在学生的位置，并与其心理发展相适应，以满足其真实感受。不符合"心理学原则"的教学方法没有教学价值。大多数认知心理学家和数学教育者认为，知识是通过认知主体的积极构建而获得的，而不仅仅是通过传递，知识的获取涉及重建。哈塔诺发现，观念的变化在科学和认知史上比较值得注意，也许是因为基本思想的变化可能是最激进的智力重构。事实证明，学生获得知识与其本身的知识结构和学生认知事物的基本概念有着重要的关系。如今的教育体制下，学生的学习心理、学习方式、生活方式和知识结构都是为高考服务的。这种教学模式的直接后果是学生动手能力和敏捷性很差。然而，大学教育是一种以素质为导向的讲课方法。这种方法旨在提高学生的个人能力，展示自己的个性，以便在校园里蓬勃发展，成为对社会和国家有用的人才。因此，中学教育和大学教育没有连续性。这种断层导致刚刚进入大学校园的新生不堪重负，并花费很长时间来磨平这种心理差距。这就要求教师要注意课堂上学生的心理变化和知识结构，考虑学生的心理发展阶段和接受数学的能力，用恰当的方式来揭示深奥的、有趣的数学思想。

这三个原则是统一的，而不是对立的。大学的数学老师应该让学生感受到数学来自生活，易于理解且有实用价值，然后再深入到理论层面。在数学教育过程中，我们不能将理论与应用分开，然后将理论应用于实践。这种教学方法只能让学生生硬地接受他们学到的知识，结果必然会使学生失去学习兴趣。正确的教学方法应该是运用数学概念和方法来分析和解决实际问题，使学生自然产生获取理论和知识的欲望，以便学生能够积极学习。

进入 21 世纪后，人们对很多事物的看法发生了改变。物理学、天文学和化学科学取得了很大进展。目前，即使是最复杂的生命现象也受到了广泛的关注。科学的这些进步使数学面临更大的挑战，对数学教育提出了更高要求。在当今快节奏的世界中，学生要成为对社会和国家有用的人才，必须具备理解自然和洞察社会的能力，这就要求数学教育要培养学生的可持续发展能力和通识教育。因此，学生必须培养有利于这种能力发展的思想和习惯。在思想和方法方面，数学是学生必须拥有的、十分有用的工具。理解和分析数量与空间的关系是数学的一个特征，是数学教育的一项独特任务。总的来说，让学生能够对数学有一个全面的理解，知道数学发展的规律，理解数学的严谨性和逻辑性及他们追求的目标，并理解表达的数学思想和方法。

数学课程的目的是帮助学生了解自然、理解社会发展的能力，以可持续的方式培养学生，以健全的心智面对未来社会的挑战。使用具体事实和实际问题来掌握数学概念、方法和原则，这些事实和实际问题代表了大学数学教育的总和，是关键和根本，也是教师在课堂上努力工作的方向。

第四章　大学数学的教学目标改革策略

第一节　传授数学知识

　　传授给不同专业学生必需的数学知识是高校高等数学教学的基本目标和基本任务。教学中，要根据高校人才培养目标、学生学习状况和专业需要来确定教学内容，要根据行业、企业发展需要和完成职业岗位实际工作任务所需要的知识、能力要求选取教学内容，并为学生可持续发展奠定基础，要按照"必需、够用"的原则把握好教学内容的广度、深度。

　　广度就是指与专业联系紧密的必要的数学知识范围。在选取教学内容时，要把学好专业必须具备的数学知识支撑点作为教学重点。深度就是指这些数学知识点的深浅程度足以满足专业课学习。确定教学内容时，要根据专业需求明确数学概念、定理和数学方法应掌握的程度。

一、高等数学知识与中学数学知识的有效衔接

　　近年来，随着中学课程改革的不断加深，中学数学教材的内容不断调整，把有些原来在大学讲授的高等数学内容放到中学讲授，使得中学数学教材内容增加，而对某些学习高等数学所必需的基础知识点做了删减与调节，或者由于高考考纲不做要求而没有实际讲解。一方面，由于高考的改革，各省的

考试大纲不统一，以及文理科的区别，造成大学新生入学时数学基础知识和能力水平不统一。另外一方面，现行使用的高等数学教材虽然也在不停地改版，但都是在20世纪90年代初的教材基础上进行修改的，都比较注重于对某些重点、难点知识点及其应用的补充和调节，而普遍没有重视对一些重点、难点基础知识的补充。这两个方面造成了中学、大学教材改革各自为政的混乱局面，致使高等数学中有些知识前后断层，而有些教学内容又重复较多，这些给来自不同地域的大学新生学习高等数学带来了不同程度上的困难与不便，也让很多高等数学教师难以适从，阻碍了高等学校学科的发展。更有甚者，由于现阶段众多高校都在考虑转型发展，这就越发需要各高校重视理工科专业的发展，而高等数学是众多理工科专业的必修课程，高等数学学习的好坏，将直接影响到理工科学生的后续学业和理工类专业的长远发展。

关于高等数学与中学数学知识断层、承接的问题，已有一些文献做了部分调查研究，在这些文献中，一些研究者从中学数学高考大纲、高等数学教法、高等数学教师自我发展及高等数学教材编写、高校与中学数学教法差异以及高校与中学的学生学习方法差异等角度做了探讨。针对这些断层、重叠现象，众多学者也先后以发表研究论文的形式提出了一些相应的解决措施，在政策上提倡改革教学评价制度；在教学方法上，主张高等数学教师注意查漏补缺、分层次教学、多方面引导和多角度考核；在培养学生学习上，引导学生养成正确的学习方法和良好的心理素质，在增强学习自立性、自主性、探索性的过程中提高学生的自学能力。

基于上述背景，结合现有的中学数学教材（普通高中课程标准实验教科书数学教材，人民教育出版社第三版），对若干高等数学的教材和部分刚入校的大一新生进行系统的调查，并且提出一些建议，以促进高等数学教学的效果。

（一）高等数学与中学数学知识衔接性现状调查

1. 知识重叠

通过调查部分刚入学的大一新生，结合中学数学教材和部分高等数学教

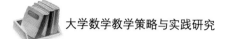

材，可以发现大部分学生已经对如下知识点有了初步的学习和了解。

① 简单函数的极限求法，极限的四则运算，已经具有了模仿学习的能力。但是，他们只是对极限有一个非常浅显的认识而已，对于极限的严格数学含义，一些特殊函数的极限，特别是分母趋向于 0 的函数的极限，还无法顺利求解。

② 导数的定义，几何意义，几个基本函数的导数公式，包括函数 $y=xn$，$y=slnx$，$y=\cos x$ 和 $y=\log_n x$ 等。对于这一部分知识点，大部分学生表示比较熟悉，因此，在学习高等数学时，有一种似曾相识的感觉，学起来相对轻松一些。

③ 导数的应用，包括求曲线的切线、费马引理、求极大值和最大值、判断函数的单调性，以及生活中的一些最优问题。对该部分内容，中学数学教材和大部分高等数学教材中，都进行了详细叙述，学生对此的掌握程度也比较理想。

④ 空间解析几何部分，主要包括空间向量的定义和坐标表示，特殊向量，向量的加、减、数乘、数量积、向量的夹角和向量的位置关系等。这些知识点，也同时是中学数学教材和高等数学教材中的重点章节。

2. 知识断层

除了上述的知识重叠外，中学数学教材与大部分高等数学之间存在的更值得我们关注的问题就是知识断层现象。通过考察一些高等数学教材和对高校新生的调查，发现如下几类知识点是大一新生的薄弱点。

（二）对策与建议

鉴于上述调查情况，可以从如下几个方面给出建议，以提高高等数学教学的效果，激发学生学习高等数学的积极性。

① 对于高校教学管理部门，应加强对于以上各种问题的认识，及时地了解中学数学教材和教学改革的情况，并与一些最新版的高等数学教材做对比，以便了解两类教材之间的知识衔接情况；同时，多开展对高等数学教学活动的指导和对教学效果的调查，督促高等数学教师及时调整教学进度，把握知

识讲解重点。

②　作为整个教与学的主导者，高等数学教师应该发挥其主要的作用，指导学生学习好高等数学。

a. 在正式介绍高等数学的知识之前，可以考虑进行短期的学前知识培训，对上述各知识点进行查漏补缺。

b. 及时了解中学数学教材的内容，调查大一新生对各个知识点的掌握情况，结合不同专业学生的专业课程需求，制定教学方案，因材施教，因人施教。

c. 介绍合适的参考资料，引导学生自主学习。

d. 在施教的过程中，多帮助学生进行知识点梳理、归纳、总结，这一点对于刚刚脱离中学教学手段的学生来说，会更好地促进其学习效果。

③　对于学生管理工作者，应多加强对学生的引导与管理，促使学生养成良好的学习习惯。

④　作为学习的主体，学生应该主动把握好自己的学习状况，制订合理的学习计划。

a. 要树立正确的学习观念，不要因为一时的学习困难就产生气馁、厌学甚至恐惧的情绪。

b. 主动寻求多方面的教学资源。可以借助图书馆、网络等资源，从多个角度学习高等数学。

c. 加强高等数学各个知识点的练习。

d. 寻找与自己专业课程的结合点，从中发现高等数学的用途，找到学习高等数学的动力。

通过比较中学数学教材和若干高等数学教材，以及对一些大学新生的调查，比较系统地列出了上述两种教材之间的知识点的重叠和断层现象，并且从多个角度，有针对性地提出了一些建议，以促进高等学校中高等数学的教学效果，为理工科类学生更好地学习高等数学提供了一些指导意见。关于如何改进高等数学教学效果，将是我们进一步研究的目标。

二、构建高等数学知识群的实践与思考

所谓高等数学知识群的构建，我们将其定义为：人们通过类比、对比或其他方式的联想，而将一系列数学知识、数学方法聚合在一起，并集中学习的做法。由此可见，高等数学知识群的构建是人们的心理活动对数学知识和数学方法内在的关联性的一个自然反应，是人们心理活动的结果。因此，高等数学知识群可能因人而异，它是开放的、发展的且不断完善的。在教学中可以依学情等因素由教师自主组合。

只通过一个函数的联想而构建起函数单调性、极值、最值、凹凸性、曲率及相关专业知识的高等数学知识群。

通过直观观察，学生很容易理解极值的第一充分条件。无须证明即可让学生理解并运用。

导数和偏导数知识群。现有的教材均把一元函数求导和二元函数求偏导分在上、下两册，在教学实践中做贯通，将其作为一个知识群处理，可以收到很好的效果。具体处理方法为：在讲完一元函数求导后，很自然地引出一系列问题：二元函数有导数吗？进而引出偏导的概念及求偏导的方法，其实质就是一元函数求导。

然后将一元函数求导和二元函数求偏导一起让学生练习，实践表明：学生不仅能提早接触多元函数的偏导数，而且对求一元函数的导数也掌握得更好，高等数学上的期末考试成绩明显较高。当然也不难理解，该届学生学习高等数学下时，对偏导数的掌握也更好。还有一个方面的好处：学习上册时多用了 2 个课时左右，但学习下册时节省了大约 6 个课时。

高等数学知识群是开放的、发展的、不断变化的，可依学情等因素由教师自主组合。组合过程中，可以打破大的模块限制甚至是上、下册内容的限制。教学实践表明，适当利用，可以极大地提高学生学习高等数学的积极性，从而有效扭转当前高等数学教学枯燥、乏味的现状。

第二节　掌握数学技术

一、数学技术的发展

数学是一门科学，集严密性、逻辑性、精确性、创造性和想象力于一身，被认为是一个严格的王国。但数学中包含有观察、发现及猜想等实践部分，尝试、假设、度量和分类等是数学家常用的技巧。数学在研究、运用和教与学的过程中，借助工具，采取适当的方法和技能，形成了数学技术。数学技术中融合了数学的理论、思想和方法，并将其以技术的形式表现出来，以实现其运算和推理等功能，展现其应用价值。

（一）传统数学技术

传统数学中的记数技术、度量技术、作图技术及计算技术等数学技术在数学的发展和应用中扮演着重要的角色。从远古的刻痕记数、结绳记数、手指记数及石子记数，到后来的纸笔记数和现代的计算机记数，记数技术在不断演进；度量技术与生产生活实践密切相关，被看作一项基本技能，是古今中外数学教学的必然内容；作图技术更是与工具和技巧息息相关，在几何学的理论和教学中，作图技术有其非常严密、科学的规范体系，并因此而出现了许多创造和发明。

计算技术是数学技术中最重要的组成部分。中国古代把数学与"算术"几乎等同，整个中国古代数学就是"算法"数学或"计算"数学。在数学教育上，7世纪初，隋代开始在国子监中设立"算学"，并"置博士、助教、学生等员"，这是中国封建教育中数学专科教育的开端。唐代不仅沿袭了"算学"制度，而且还在科举考试中开设了数学科目"明算科"，考试及第者亦可做官。由此，在中国古代就整理出《九章算术》等10部算经，作为教科书使用。至元代，朱世杰 1303 年的《四元玉鉴》给出了解任意多至 4 个未知元的多项式方程组的方法。之所以限于 4 个未知元，只是由于所使用的计算工具的限制，当时的计算工具是算号和算板。实质上，朱世杰解方程的思想和方法完全可以适用于任意多的未知元。我国著名数学家吴文俊先生正是在这种思想和方法的启发下，开始了其"数学机械化"的探索，并取得了巨大的成功。由此可见，数学技术贯穿在整个数学发展之中，而且许多光辉的思想对现代数学仍然具有指导意义。

（二）现代数学技术

在数学、电子学和工程技术等发展和应用的基础上，诞生了电子计算机。数学与计算机相结合，在计算机环境（单机环境和网络环境）下，形成了一种普遍的、可以实现的关键技术，笔者认为应该称其为现代数学技术。电子计算机诞生之初，即以其强大的计算功能而著称。传统的计算工具根本无法与之比拟。随着电子计算机的发展和改进，其存储容量越来越大，计算速度越来越快，控制功能越来越强，人们称其为"电脑"，意即人脑的延伸和补充。但电子计算机是数字化的，其所用信息都以数据的形式出现，数据是信息的载体，故其实质仍是数据处理。计算机并不是万能的，数学模型的建立、算法的设计、程序的编制及软件的开发等，也要靠一定的现代数学技术来完成，计算机只是按人们编制的软件程序快速地进行数字计算和符号演算等。所以说现代信息技术的核心是现代数学技术。现代数学技术已成为现当代高新技术的重要组成部分，是现代信息的技术支撑点。任何现代信息技术都与现代数学技术密切相关。

（三）现代数学技术的主要内容

现代数学技术正在发展，但目前尚未见诸对其内容的界定。现代数学技术的内容主要包括计算技术、数据处理技术、编码技术、数字加密技术、符号运算技术、图形图像技术、数学建模技术、数学模拟技术、辅助教学技术、数学实验技术和数学机械化技术等。现代数学技术还在不断地发展、壮大、充实和完善，未来一片光明。

二、现代数学技术对数学学科的影响

现代数学技术冲击、影响和促进着现代数学的发展，改变着数学学科本身的特点和面貌，并使数学更具有威力和渗透力。在某种意义上讲，是计算机的飞速发展把数学推上了从来未曾有过的重要位置，信息时代就是一个"数学化的时代"。数学已经从国民经济和科技的后台直接走到了前台。

（一）新学科分支与方向的出现

现代数学技术不仅改变了数学研究方法、应用模式和学习方法等，更重要的是改变了数学的基本理论，产生了一些新的数学学科分支和方向。如符号计算、机器证明、人工智能、运筹优化、模糊识别和数理统计等。其中，由于现代数学技术的出现，导致计算方法的研究空前活跃和兴盛，最终形成了一门以原来分散在数学各分支的计算方法为基础的新的数学分支，即计算数学。计算数学不仅设计、改进各种数值计算方法，同时还研究与这些计算方法有关的误差分析、收敛性和稳定性等问题，奠定了它在其他学科中的应用基础。

在纯粹数学的研究中，用现代数学技术不仅突破了像"四色定理"的证明等重大数学问题，开创了数学问题运用计算机证明的先例，而且也为更一般的数学问题的机器证明带来了曙光。更重要的是，应用数学技术的高速计算和图像显示功能在数学研究中所发现的孤立子和混沌，被看成 20 世纪的重大数学发现，由此形成的新理论和开拓的新应用领域意义重大而深远。

（二）现代数学技术实验室的建立

科学实验是推动科技发展和社会进步的重要动力。波利亚指出："数学有 2 个侧面，一方面，数学是欧几德得式的严谨科学，从这个方面看，数学是一门系统的演绎科学；另一方面，创造过程中的数学，看起来更像一门实验性的归纳科学。"如果在数学的教与学中能运用数学创造过程中本来使用的实验手段，在实验中观察、分析、比较和归纳，通过探索、猜想、验证、处理数据和确立关系来发现规律，将是更好的选择。运用现代数学技术在计算机上进行数学实验，现在已经成为可能。

现代数学技术作为一种普遍实施的技术，与物理、化学及生物等实验性强的学科一样，也迫切需要建立技术研究、训练和教学的场所。在现代数学技术实验室中，配置多媒体环境和网络环境，安装相关的数学软件和统计软件，配合以相应的计算机语言，便可以直接应用于数学技术的研究、训练和教学。通过现代数学技术实验，可以深刻理解数学概念和数学思想，可以实现数学的再发现和再创造，可以培养探索精神，提高数学实践能力，最终可以培养创新精神，提高创新能力。

（三）现代数学技术与学科教育的融合

现代数学技术扩展了数学学科的内容，出现了新的研究方法和学科理论，同时也使其教育技术发生了实质性的变化，使现代数学技术与学科教育融为一体，成为其有机的组成部分。建构主义理论认为"知识不是被动接受的，而是认知主体积极建构的"。这对于运用现代教育技术实施教育教学具有重要的指导意义。应用现代数学技术，建立数学技术实验室，在实验室中充分利用各种技术，采用自上而下的建构式教学设计，可以创设多种不同的情境，培养学生的自主学习、协作学习、探究学习的能力和创新精神，发挥教师对学习主体的促进作用，使学习者从已有的知识对象出发，通过实践，用自己的行动对现有的数学知识主动建构起自己的正确理解，而不是被动地吸收课本或教师讲述的现成结论，这符合数学的创造过程和教育心理，是一条达到预期的学习效果的有效途径。也就是说，应用现代数学技术，可以使"粉笔＋黑板＋简单教具"的数学教学方式得到充分改变。通过自己动手，自己发现和多媒体刺激，促进学生的思考，使记忆刻骨铭心，而且往往会有新的发现。

毫无疑问，现代数学技术在数学学科中的应用是最多的。在数学的教学中，除了普遍使用的普通课件、一般的数字化学习外，应用现代数学技术，在数学技术实验室中，利用单机环境、网络环境和多媒体环境，进行启发性、针对性的教学和实验，让学生积极参与进来，在实验中观察，在观察中探索，在探索中发现，在发现中讨论，在讨论中分析，在分析中比较，在比较中猜想，在猜想中验证，在验证中归纳，在归纳中抽象。这种抽象使得抽象易于理解、合乎情理和自然而然，其学习效果可想而知。

进入新世纪后，出现了一种新的学习理论，即混合学习理论。混合学习理论的基本观点是：混合的信息传递通道比单一的信息通道能取得更大的教学效益。应该根据低投入、高产出的原则选择信息通道，把在线与离线的学习方式，现代的与传统的教学媒体，接受的、探究的、自主的和协作的学习方法等优势有机地结合起来，以便更好地实现教学目标。这种理论提示我们应对传统的方法进行重新认识，更应对现代数学技术的应用进行理性的思考，必须清楚地认识以下问题。

① 在实际教学中，传统教学模式应该与现代数学技术的教学紧密结合，相辅相成。在数学技术实验室"做"数学，并不等于削弱了教师的主导地位，反而使教师的启发诱导、策略设计、指导交流和分析点评更具机智性和创造性。

② 目前在数学技术实验室中采用的技术手段如计算机语言、多媒体软件及数学软件等的使用还有一定的难度，掌握需要较多的时间，要设法从技术上加以改进。

③ 数学的教学和学习中要强调产生、发展、变化的过程，即要由"想得出"变成"看得见"，由"看得见"再到"想得出"，数学思维过程的再现和展示极为重要。现有的技术手段还有缺陷。

④ 数学学科的实验材料是思想，不是物质，其教学设计策略性很强，而不仅是方法、步骤与规程的问题。为了更好地体现数学思维过程，更充分地在教育中发挥数学技术的功能，应该有更好的"教育平台"。

⑤ 现代数学技术的应用，对教师提出了更高的要求，不但要有坚实的数学功底，而且还要有现代教育观念，掌握一定的现代数学技术，要有较高的信息素养。要善于学习，勤于研究，勇于创新。

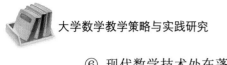

⑥ 现代数学技术处在蓬勃发展阶段，还不成熟，教师进行教学设计耗费的时间比传统备课要多得多。为了解决这一问题，要大力倡导改变手工作坊的个体劳动模式，集中集体智慧，形成一批成熟的课件和普遍适用的教育设计软件，为数学教学建构有效的教学信息资源环境和学习空间，共享教育资源，直接用于教学，摆脱重复性劳动，使教师的劳动更多地着眼于创造性和开拓性。

三、现代数学技术对其他学科的影响

现代数学技术对其他学科发展与教学的影响，主要体现在研究内容的扩展、研究方法的改进、教育技术的变化和学习方法的多样化 4 个方面。

（一）研究内容的扩展与研究方法的改进

现代数学技术应用于许多学科之中，产生了一系列计算性的分支学科，如计算物理、计算化学、计算天文学、计算地震学和计算生物学等，它们使相关学科的研究内容得到扩展，并有可能导致更多科学技术的新突破。

应用现代数学技术中的数字模拟和数据处理技术，使天文学中超新星的爆发、地学中地壳运动、大型综合化军事演习、核爆炸及多级火箭发射等难以进行实验的过程通过数学模型来模拟，对各种理论进行检验。气象工作者利用现代数学技术分析、处理气象站和气象卫星汇集的气压、雨量及风速等数据资料，以得到尽可能准确的天气预报。生命科学中 DNA 的研究基本上依赖于现代数学技术。经济学中无论宏观经济还是微观经济的决策，都是建立在对大量数据进行处理、分析和优化基础上的。由美国 James Glimm 主编的一份报告"数学科学·技术·经济竞争力"从美国的主要工业部门对数学的依赖性，从数学在产品周期的每一个环节中扮演的角色，从数学科学对建立技术基础并产生巨大经济效益的贡献，有理有据地说明了"数学科学对经济竞争力至关重要，数学是关键的、普适的、培养能力的技术"。

（二）教育技术和学习方法的变化

以现代数学技术为基础的计算机技术，特别是网络技术和多媒体技术的飞速发展，成为信息化教育的主流技术，为现代教育技术的发展提供了保障，使其能够不断创新，在教学中发挥无可替代的作用。在现行的学校教育制度中，个性化教育、终身教育和时代性很强的新学科内容的教育等问题很难解决，运用现代教育技术和数字化学习方法，可以有效解决相关问题。

传统的教学内容以线性方式组织和呈现，这不符合人类大脑思维的特征，故而多年来有些教学难点很难有所突破。而在现代数学技术支持下，教学内容可以以非线性方式组织，超文本、超媒体及流媒体等数据组织形式，可以使文字、图形、动画、图表和影视等以网状结构的方式一步一步呈现，灵活组织。在内容的包容上，由于数据庞杂而不能手工处理的问题，在现代数学技术条件下，现在可以进入教材、进入课堂，得以有效而轻松的处理；由于计算最大而不敢使用的问题实例，现在可以很快在课堂上加以处理；许多定性分析可以变成定量分析，使结论更科学，评价更准确；许多尽其语言之能但描述不清的问题、过程，现在可以借助虚拟现实环境模拟；许多不能或不能轻易进行的试验，现在可以进行数字化实验。

不仅如此，现代数学技术还被广泛应用在社会学、文学、语言学、美学及考古等的研究和教学中，使其数字化、理性化。相应地，由于繁杂的数据处理、冗长的计算和庞大的模拟等问题的解决，相应学科的教育技术也在改进，使教学内容的选材上更现实化，处理材料的手段更多样化。传统上认为很"文科"的内容，可以应用现代数学技术进行统计、分析和归纳等，得出更令人信服的结论，例如语言学中的"计算风格学"和鉴别名画真伪的"作品风格学"等，可以在数学实验室中进行有趣、高效、理性的实验。

当然，并不是所有的教育都要用数学技术，但就从目前已经使用的情况看，数学技术在教育中的应用效果很好。由于部分教师对数学技术的掌握程度和数学软件的普及程度、针对性及适应性等问题，现代数学技术的进一步

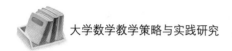

应用还有一些困难，对有识有志而无能力者，应尽早采取适当措施进行培训，因为现代数学技术进入教育的大趋势是不可逆转的。

第三节　培养数学能力

一、数学能力的特点

理解和掌握数学能力的特点，是提高数学能力的关键。数学能力主要有以下几个特点。

1. 灵活性

学生能自如地从一种运算转换为另一种运算；能实现一题多解，一题多变；能超脱习惯解法的束缚；能从已知因素中迅速地看出新因素；能从隐蔽形式中迅速分清实质；能顺利地改造知识、技能及其体系以适应变化了的条件。

2. 独创性

学习数学知识时能独立思考，求新立异，用不同的命题形式重现定理，以定理为原命题，讨论其他命题形式是否成立。能从类比和归纳中提出新见解，不用一般常用方法解题。

3. 深刻性

思维独创性常常是作为思维深刻性的结果表现出来。思维深刻性主要表现在数学的概括能力上。逻辑推理能力又是数学思维能力的核心。

4. 目的性

力求思维方向总是对准目标的要求，善于提纲挈领，抓住问题的本质，分析命题的条件和结论。在解题时能做出明智的选择，力求寻找捷径达到目的。

5. 合理性

力求节省时间和解题程序。在现有条件下寻求最佳解，在解题过程中善于利用各种图表、符号和规定的记号等。

6. 概括性

从个性的、特殊的方法中能形成有一般意义的方法。这些方法的迁移范围较宽广，能用于许多非典型情况，抓住问题的全貌，能对问题进行概括、推广、引申和归纳。

7. 批判性

愿意进行各种方式的检验。如检验已经得到的或正在得到的粗略结果，检查、归纳、分析和直觉的推理过程。善于发现自己的错误，重新计算和思考，找出问题所在，并能找出改正的途径。

8. 论证性

耐心地和细致地搜集足以进行某种判断的事实，力求解题的每一步都有根据，善于去伪存真，能揭示条件与结论之间的因果关系。

9. 语言、文字、符号的简明性

以上所列举的数学能力的特点是相互联系的。

二、数学能力结构分析

对于数学能力结构这个问题，国内外的学术界还没有统一的看法，学者们正在努力探索，这里就学术界的研究做如下介绍。

（一）我国中学教学大纲（以 1992 年大纲为例）

首先应当指出的是我国中学数学教学大纲中关于数学能力的描述是综合概括了诸家观点形成的。① 数学能力成分：运算能力、逻辑思维能力、空间想象能力。② 数学能力的核心：逻辑思维能力。

（二）瑞典心理学家魏德林观点

数学能力结构：他在《数学能力》一书指出：数学能力是理解数学的问题、符号、方法和证明本质的能力；是学会它们并在记忆中保持和再现它们

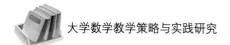

的能力；也是在解数学课题时运用它们的能力。

数学能力的核心：推理因素是数学能力结构中起决定作用的因素，即逻辑思维能力是数学能力的核心。

（三）苏联心理学家克鲁捷茨基的观点

数学能力成分：数学能力是由九种成分组成的：① 概括数学材料的能力；② 能使数学材料形式化，并用形式的结构，即关系和联系的结构来进行运算的能力；③ 能用数学和其他符号来进行运算的能力；④ 连续而有节奏的逻辑推理能力；⑤ 缩短推理过程的能力，即用缩短了的结构进行思维的能力；⑥ 逆转心理过程的能力；⑦ 思维的灵活性，即从一种心理运算转向另一种心理运算的能力；⑧ 数学记忆，主要指对概括内容、形式化结构和逻辑模式的记忆能力；⑨ 形成空间概念的能力。

数学能力的核心：以数学思维为核心阐述了数学能力的主要成分。

（四）林崇德等学者的观点

数学能力结构：数学能力是以概括为基础，将运算能力、空间想象能力和逻辑思维能力与思维的深刻性、灵活性、独创性、批判性和敏捷性所组成的开放性动态系统的结构。

数学能力的核心：概括是数学能力的基础。

（五）李镜流在《教育心理学新论》一书中表述的观点

数学能力结构：① 认知，包括对数的概念、符号、图形、数量关系，以及空间关系的认识；② 操作，包括对解题思路、解题程序和表达，以及逆运算的操作；③ 策略，包括解题直觉、解题方式方法、速度及准确性、创造性、自我检查和评定等。

（六）北京市部分中学数学教学实验得出的观点

数学能力成分：数学注意能力、数学观察能力、数学记忆能力、数学联想能力、抽象概括能力、迁移能力、运算能力、逻辑思维能力、空间想象能力、直觉思维能力和创造性思维能力。

数学能力的核心：抽象概括能力和逻辑思维能力是诸能力的核心。

（七）数学能力的基本成分分析

虽然理论上对数学能力成分和结构的研究在不断深化，但"三大能力"与"四大能力"之说依然存在，数学能力的内涵依然不可能完全界定。当前的数学教学应对数学能力赋予时代要求，增加新的内涵，拓展子成分，以适应数学教学对未来高素质人才的要求。从教学实际出发（未必是逻辑的划分），将数学能力归纳为六大方面。

数学学科能力（三大能力）。① 思维能力——数学能力的核心，包括逻辑思维能力、非逻辑思维能力及创造性思维能力。② 运算能力准确、快速运算的能力和估算能力。③ 空间想象能力——图形辨识、几何元素的位置关系及几何元素的计算等。

数学实践能力（应用数学的能力）。① 数学建模能力。② 数学应用能力，即运用数学知识分析、解决实际问题的能力。

数学创新能力。

数学一般心理能力。包括注意力、观察力、记忆力、想象力、思维力和组织力。

数学工具能力——计算器和计算机的使用能力。

数学学习能力——自学能力、信息的收集和加工能力。

三、注重数学应用，强调数学应用能力的培养

随着科技的进步和发展，人们越来越关注数学在各个领域的应用。在美国，有人提出了"用数学于现实世界"的口号，可见数学已成为各行各业强有力的工具。在大力提倡"素质教育"的今天，数学教育界强调培养学生运用所学知识解决实际问题的能力，强调数学应用能力的培养。当前的数学教

育，显然不能使学生只接受那些具有升学价值的数学，重要的是应该让学生体会到数学是有用的，并真正掌握那些从事任何工作的任何人都有作用的数学精髓，使学生既有实感，又会应用，真正在自己的工作和生活中发挥数学的威力。为此，当前的数学教育应做好以下三个方面的工作。

（一）重视数学应用意识的培养

应用意识是人们主动用数学观念和方法解决现实问题的关键，没有应用意识的人就不可能有应用行为。当今数字社会化，社会数学化已是大趋势，不管学生将来从事何种工作，都必须具有一定创造性地运用数学方法解决实际问题的能力。但现实是，在整个科学领域，数学是被社会了解得最差的一门科学，数学给人的印象往往是脱离实际，因此，人们对数学往往是不愿意用、不知道用、不会用、不能用，而对社会上每日每时出现的大大小小需要去解决的问题，人们常常想不到数学，从而一定程度上降低了他们的工作质量。对此，我国数学家严士健先生指出："数学界要大力宣传数学的作用，在学校教育中同样要主动向学生宣传这种思想：学数学不是只为升学，要让他们认识到数学本身是有用的，让他们碰到问题想一想，能否应用数学解决问题，即培养他们的应用意识。无应用本领也要有应用意识，有无应用意识是不一样的，有意识遇到问题就会想办法，工具不够就去查。"所以要让学生像足球队员具有"射门意识"一样，具有数学的应用意识。培养学生的应用意识，就是要使学生形成一种自觉的意识，是应用数学意识于现实成为一种习惯的思维方式与行为方式。而培养应用意识的途径则是多方面的，譬如，可以让学生更多地了解数学概念产生的背景材料、发展过程，熟悉各知识点的实际背景与其他学科的联系，掌握思想方法的来龙去脉和各种数学应用方法、规律等，这样通过大面积的长期熏陶，无疑会大大增强学生的应用意识。

（二）充分展示数学的思想方法

美国《普及科学——2061计划》指出，作为一个未来社会的典型成人应充分理解数学基本过程所反映出来的基本数学思想和方法，特别是在大力提倡素质教育的今天，数学精神、思想和方法的培养更有着特殊的意义。数学功能的发挥，主要靠数学思想方法向科学和社会各领域的渗透和移植。数学教育中，学生在知识的吸收过程中培养的数学能力实际上比知识本身更为重要。作为一个新时代的数学教育工作者，就必须研究学校阶段应教会学生哪些数学知识、思想和方法，教学中应深入挖掘知识的深刻内涵，通过展示数学过程中的思想和方法来实现对学生数学能力的培养。在给学生讲授数学知识、数学定理、数学问题时，不要只着眼于把该概念、该定理、该问题本身的知识教给学生，更应着重考虑如何从教育的角度利用它们，始终把数学能力的培养贯穿于课程的各部分和学校的诸环节，从而通过长时间、大范围的潜移默化的影响，来提高学生的数学能力，

（三）强化数学应用技能的训练

当前的数学教学太偏重理论，在几十年数学教学内容的取舍中，被舍去的多是应用部分，这就导致了基础数学教育脱离学生的日常生活，脱离未来的社会需要和国家的工农业生产建设后果。我们真正需要的是把应用重新请回数学教学，使学生更多地掌握数学应用技能、技巧，切实提高学生应用数学解决实际问题的能力。为此，当前数学教学应注意以下三方面问题。

1. 数学问题应多联系实际，做到源于现实，寓于现实，用于现实

数学教学过程不能让学生只学那些人为编造的数学问题，应包括解决实际问题的全过程。教师必须善于从学生所熟悉的环境中提出问题，同时注意问题的实际意义和社会意义。教师应选择一些与学生生活实际贴近、饶有趣味的、真正来源于实际、涉及专业知识较少，非生搬硬造的实际问题作为素材，介绍问题背景，要求达到的目的要求，让学生探索如何数学化，使学生起码能在书本中接触些实际问题，树立理论联系实际的思想和初步的分析、解决实际问题的能力。

2. 例题习题应引入一定数量的开放性问题

学校所提供的数学题目基本上都是前人出的陈题，而且都是有答案的。已知什么，求证什么，都是清楚的，条件是恰好的，答案是唯一的。每个中

学生都经历过无数次这样的测验和练习，因此，"唯一正确的答案"也就深植于学生脑海中，虽然，这对某些事实上只有一个正确答案的问题来说，寻找正确的答案是对的，然而，生活中的大多数问题并非如此，将来到了社会上面对的问题大多是预先不知道答案的，甚至不知是否会有答案。由于生活的不确定，有的问题可能还有许多正确的答案。所以，这种习于寻求"单一正确的答案"的思考方式，显然不能完全符合数学的实际应用。因此，更需要多提供一些开放性问题，要求学生自己想出若干回答并加以论证，同时从中选出一个最好的问答，以此强化训练，进一步提高学生处理实际问题的能力。

3. 加强数学建模能力的培养

数学日益渗透，应用于一切领域，成为各行各业强有力的工具。然而用数学方法解决任何一个实际问题都首先要用数学的语言和方法，通过抽象和简化，建立近似描述这个问题的数学模型，然后运用数学的理论和方法导出其结果，再返回原问题实现实际问题的解决。因此，数学模型是利用数学知识解决实际问题的关键所在。中学数学建模对建模能力的培养应先让学生接触一些"解决了"的实际问题，熟悉方法，掌握规律，继而再要求学生自己能根据实际问题抽象出数学模型，亲自动手，完成建模过程，并创造更多的机会，让学生更多地接触工人、农民、技术员、工程师等，与他们真正合作，将学生引入工作环境，将工作环境引入课堂。

四、问题解决与数学能力的培养

（一）问题解决

什么是问题解决，由于观察的角度不同，至今仍然没有完全统一的认识。有人认为，问题解决指的是人们在日常生活和社会实践中，面临新情景、新课题，发现它与主客观需要的矛盾而自己却没有现成对策时，所引起的寻求处理问题办法的一种心理活动。有的把学习分成八种类型，包括信号学习、概念学习、法则学习和问题解决等。问题解决是其中最高级和复杂的一种类型，意味着以独特的方式选择多组法则，并且把它们综合起来运用，它将导致建立起学习者先前不知道的更高级的一组法则。有的认为，问题解决是能力。在 1982 年考克罗夫特报告中指出："那种把问题用至各种情况的能力，叫作问题解决。"英国学校数学教育调查委员会报告《数学算数》则认为：把数学应用于各种情形的能力就是"问题解决"。全美数学教师理事会《行动的议程》对问题解决的意义做了如下说明：第一，问题解决包括将数学应用于现实世界，包括为现时和将来出现的科学理论与实际服务，也包括解决拓广数学科学本身前沿的问题；第二，问题解决从本质上说是一种创造性的活动；第三，问题解决能力的发展，其基础是虚心、好奇和探索的态度，是进行试验和猜测的意向。从上述对问题解决意义的阐述中，可以看到一些共性和相通之处。从数学教育的角度来看，问题解决中所指的问题来自两个方面：现实社会生活和生产实际及数学学科本身。问题的一个重要特征是其对于解决问题者的新颖性，使得问题解决者没有现成的对策，因而需要进行创造性的工作。要顺利地进行问题解决，其前提是已经了解、掌握所需要的基础知识、基本技能和能力，在问题解决中要综合地运用这些基础知识、基本技能和能力。在问题解决中，问题解决者的态度是积极的。此外，在学校数学教学中，所谓创造性地解决问题，有别于数学家的创造性工作，主要指学习中的再创造。因而，从数学教育的角度看，问题解决的意义是：以积极探索的态度，综合运用已具有的数学基础知识、基本技能和能力，创造性地解决来自数学课或实际生活和生产实际中的新问题的学习活动。简言之，就数学教育而言，问题解决就是创造性地应用数学以解决问题的学习活动。问题解决中，问题本身常具有非常规性、开放性和应用性，问题解决过程具有探索性和创造性，有时需要合作完成。

（二）问题解决对培养数学能力的意义

在问题解决的过程中，根据实现问题目标的需要，学生要主动地将原来所学过的有关知识运用到新的情境中去，使问题得到解决。这个过程本身就是一个运用数学知识，使知识转化成能力的过程。

因此，问题解决对于培养学生的数学能力，特别是运用所学数学知识解决简单实际问题的能力具有重要的意义。第一，它促使学生在原有认知结构中去提取有用的知识和经验运用于新的问题情景，培养学生根据目标需要检索和提取有用信息的能力。第二，问题解决促使学生将过去已掌握的静态的知识和方法转化成可操作的动态程序。这个过程本身就是一个将知识转化成能力的过程。第三，数学问题解决能使学生将已有的数学知识迁移到他们不熟悉的情境中去，并作为实现问题解决的方法和措施。这既是一种迁移能力的培养，同时又是一种主动运用原有的知识解决新问题能力的培养。

（三）"问题解决"对培养学生数学能力的启示

我国的中学数学教学与国际上其他一些国家的中学数学教学比较，具有重视基础知识教学，基本技能训练，以及数学计算、推理和空间想象能力的培养等显著特点，因而我国中学生的数学基本功比较扎实，学生的整体数学水平较高。然而，改革开放也使我国数学教育界看到了我国中学数学教学的一些不足。其中比较突出的两个问题是，学生应用数学的意识不强及创造能力较弱。学生往往不能把实际问题抽象成数学问题，不能把所学的数学知识应用到实际问题中去，对所学数学知识的实际背景了解不多；学生机械地模仿一些常见数学问题解法的能力较强，而当面临一种新的问题时却办法不多，对于诸如观察、分析、归纳、类比、抽象、概括及猜想等发现问题、解决问题的科学思维方法了解不够。面对这种情况，我国数学教育界采取了一些应对措施。例如，北京、上海等地分别开展了中学生数学应用竞赛，在近年高校招生数学考试中，也加强了对学生应用数学意识和创造性思维方法与能力的考查等。这些措施收到了一定的成效，作为一个数学教育工作者应认真体会问题解决的思想，这就是它所强调的创造能力和应用意识。就是说，在日常教学中应强调以下几点。

1. 鼓励学生去探索、猜想和发现

要培养学生的创造能力，首先是要让学生具有积极探索的态度，猜想、发现的欲望。教学中要设法鼓励学生去探索、猜想和发现，培养学生的问题意识，经常地启发学生去思考，提出问题。

学生学习的过程本身就是一个问题解决的过程。当学生学习一门新的课程、一章新的知识，乃至一个新的定理和公式时，对学生来说，就是面临一个新问题。例如，高中数学课是在学生学习了初中代数、几何课以后开设的，学生对数学已经有了比较丰富的感性认识，应该思考以下一些问题：高中数学课是怎样的一门课？高中数学课和小学数学、初中代数及初中几何课有什么关系？数学是怎样的一门科学？这门科学是怎样产生和发展起来的？高中数学将要学习哪些知识？这些知识在实际中有什么用？这些知识和以后将要学习的数学知识、高中其他学科知识有些什么关系，有怎样的地位作用？要学好高中数学应注意的什么问题？当然，对这些问题，即使是学完整个高中数学课程以后，也不一定能完全回答好，但在学这门课之前还是要引导学生去思考这些问题。在高中数学课中可以安排一堂引言课。同样，在每一章，乃至每一单元都应该考虑类似的问题。在这一点，初中《几何》的引言值得参考。在教学中经常提一些启发性的问题，就会让学生逐步养成求知、好问的习惯和独立思考、勇于探索的精神。

在实际教学中，在讲到探索、猜想及发现方面的问题时要侧重于"教"：有时候可以直接教给学生完整的猜想过程，有时候则要较多地启发、引导和点拨学生。不要在任何时候都让学生亲自去猜想、发现，那样要花费太多的教学时间，降低教学效率。此外，在探索、猜想和发现的方向上，要把好舵，不要让学生在任意方向上去费劲。

2. 打好基础

这里的基础有两重含义：第一，中学教育是基础教育，许多知识将在学生进一步学习中得到应用，有为学生进一步深造打基础的任务，因而不能要求所学的知识立即在实际中都能得到应用。第二，要解决任何一个问题，必须有相关的知识和基本的技能。当人们面临新情景、新问题，并试图去解决它时，必须把它与自己已有知识联系起来，当发现已有知识不足以解决面临的新问题时，就必须进一步学习相关的知识，训练相关的技能。应看到，知识和技能是培养问题解决能力的必要条件。在提倡问题解决的时候，不能削

弱而要更加重视数学基础知识的教学和基本技能的训练。

教给学生哪些最重要的数学基础知识和基本技能，是问题的关键。以下仅对数学概念的处理谈点看法。

数学概念是数学研究对象的高度抽象和概括，它反映了数学对象的本质属性，是重要的数学知识之一。概念教学是数学教学的重要组成部分，正确理解概念是学好数学的基础。概念教学的基本要求是对概念阐述的科学性和学生对概念的可接受性。目前，对中学数学概念教学，有两种不同的观点：一种观点是要"淡化概念，注重实质"；另一种观点是要保持概念阐述的科学性和严谨性。对这一问题的处理应该"轻其所轻，重其所重"，不能一概而论。提出"淡化概念，注重实质"是有针对性的，它指出了教材和教学中的一些弊端。一些次要和学生一时难以深刻理解但又必须引入的概念，在教学中必须对其定义做淡化（或者说浅化）的处理，有的可以用白体字印刷，来表明概念被淡化。但一些重要概念的定义还是应以比较严格的形式给出为妥，否则，虽然老师容易判定这个概念的定义是被淡化的，但是学生容易对概念产生误解和歧义，关键在于教师在教学中把握好度，突出教学的重点。还有一些概念，在数学学科体系中有重要的地位和作用，对这类概念，不但不能做淡化处理，而且还要花大力处理好，让学生对概念能较好地理解和掌握。例如，初中几何的点概念及高中数学的集合等概念，是人们从现实世界广泛对象中抽象而得，在教材处理中要让学生认识到概念所涉及的对象的广泛性，从而认识到概念应用的广泛性，另外学生也在这里学到了数学的抽象方法。对于数学概念，应该注意到不同数学概念的重要性具有层次性。总之，对于数学概念的处理，要取慎重的态度，继承和改革都不能偏废。

3. 重视应用意识的培养

用数学是学数学的出发点和归宿。教学中必须重视从实际问题出发，引入数学课题，最后把数学知识应用于实际问题。

当然，并不是所有的数学课题都要从实际引入，数学体系有其内在的逻辑结构和规律，许多数学概念是从前面的概念中通过演绎而得，又返回到数学的逻辑结构。

此外，理论联系实际的目的是为了使学生更好地掌握基础知识，能初步运用数学解决一些简单的实际问题，不宜把实际问题搞得过于繁复费解，以至于耗费学生宝贵的学习时间。

4．教学一般过程和方法

在一些典型的数学问题教学中，教给学生比较完整的解决实际问题的过程和常用方法，以提高学生解决实际问题的能力。

由于实际问题常常是错综复杂的，解决问题的手段和方法也多种多样，不可能也不必要寻找一种固定不变的、非常精细的模式。问题解决的基本过程是：① 首先对与问题有关的实际情况作尽可能全面深入的调查，从中去粗取精，去伪存真，对问题有一个比较准确、清楚的认识；② 拟定解决问题的计划，计划往往是粗线条的；③ 实施计划，在实施计划的过程中要对计划作适时的调整和补充；④ 回顾和总结，对自己的工作进行及时的评价。

问题解决的常用方法有：① 画图，引入符号，列表分析数据；② 分类，分析特殊情况，一般化；③ 转化；④ 类比，联想；⑤ 建模；⑥ 讨论，分头工作；⑦ 证明，举反例；⑧ 简化以寻找规律（结论和方法）；⑨ 估计和猜测；⑩ 寻找不同的解法；⑪ 检验；⑫ 推广。

5．创设问题情境

一个好问题或者说一个精彩的问题应该有如下的某些特征：① 有意义，或有实际意义，或对学习、理解、掌握和应用前后数学知识有很好的作用；② 有趣味，有挑战性，能够激发学生的兴趣，吸引学生投入进来；③ 易理解，问题是简明的，问题情景是学生熟悉的；④ 时机上的适当；⑤ 难度的适中。

在教学中，适当引入一些应用题，配备一些非常规题、开放性题和合作讨论题。① 应用题的引入要真正反映实际情境，具有时代气息，同时考虑教学实际宗旨。② 非常规题是相对于学生的已学知识和解题方法而言的。它与常见的练习题不同，非常规题不能通过简单模仿加以解决，需要独特的思维方法，解非常规题能培养学生的创造能力。③ 开放性问题是相对于"条件完备、结论确定"的封闭性练习题而言的。开放性问题中提供的条件可能不完备，从而结论常常是丰富多彩的，在思维深度和广度上因人而异，具有较大的弹性。对于这类问题，要注意开放空间的广度，有时可以是整个三维空间、二维空间和扇形区域中，有时也可以限于一维空间甚至若干个点上，把问题的讨论限制在一定的范围内。④ 合作讨论题是相对于常见的独立解决题而言的。有些题所涉及的情况较多，需要分类讨论，解答有较多的层次性，需要小组甚至全班同学共同合作完成，以便更好地利用时间和空间。实际教学中可以把学生分成若干小组，通过分类讨论得到解决。合作讨论题能使学生互相启发、互相学习，激发灵感。

五、课堂教学中学生创新能力的培养

21 世纪的数学教育越来越关注学生创新能力的培养。学生创新能力的培养是多方面的。教育工作者应当将创新能力的培养落实到具体的工作中去，落实到课堂教学中去。就数学课堂教学而言，如何培养学生的数学素养和创新能力呢？一条重要的途径是，在课堂教学的整个过程，以问题为抓手，选准突破口，寻找切入点，让学生带着问题学习，凡事多问几个为什么，通过师生双边民主和谐的活动，让课堂焕发出创新的生机和活力，进而培养学生的创新能力。让问题进课堂，切实变革发展学生智能的行为方式，是实施创新教育的重要手段，是培养学生创新能力的一条有效途径。

（一）鼓励提问，培养创新意识

要培养学生的创新能力，首先要培养学生的创新意识。通过鼓励学生提问，培养学生的创新意识。在数学课堂教学过程中，教师要重视和发展学生的好奇心，让每一个学生养成学习的兴趣，养成想问题、提问题和延伸问题的良好习惯，让每一个学生知道自己有权利和能力提出新见解、发现新问题。这是培养学生创新意识的基础和前提。继而教师要着力引导学生换个角度思考，还能深层次提出哪些问题。

美国教育家布鲁巴克曾经指出："最精湛的教育艺术，遵循的最高准则，就是学生自己提出问题。"在数学教学的内容里,包含了很多对学生来说是"疑问"的东西。学贵在有"疑",唯其有疑,才能产生"愤、悱"境界,产生求知的渴望。"疑"是学习的需要,是思维的开端,是创造的基础。人类的发展就是对"疑问"的不懈追寻探索和实践创新的结果。在教学中,让学生产生疑问,提出问题,就是希望激发学生探索知识的兴趣和热情,产生自主探索的原动力。因此,教学过程中要善待学生提出的问题,要善待提出问题的学生,保护学生发问的积极性,使课堂形成一种积极思考、勇于探索的热烈气氛,使学生在宽松愉悦的环境里进行生动活泼的探索,进而提出高质量的问题,然后在"问题解决"中,顺利构建自己的知识体系和能力结构。培养学生创新意识的一个重要方面是教会学生会思考、会提问题,于无疑处见有疑。在教学中,教师要着意培养学生的质疑能力和科学的批判精神,肯定他们大胆发表自己见解和质疑的行为,组织、指导他们辩论或带着问题查阅资料,找到令人满意的答案。

(二)引导提问,培养创新精神

宋代哲学家朱熹说:"读书无疑者,须教有疑。"爱因斯坦也曾经告诫我们:"提出问题比解决问题更重要。"提问并不容易,需要教师的示范和引导,更需要开拓、创新精神。提出问题是学习的一种基本方法和基本活动。能不能提出问题,尤其是能不能提出上乘的标新立异、别出心裁的问题,对学生创新能力的培养将起到很大的促进作用。学生思考得越多,他在未知世界中碰到的不懂的东西越多,他对知识的感受性就越敏锐,探求新知识的欲望就越强烈。因此,为强化学生的问题意识,教师要为学生做好提问的示范,善于引导学生认真观察,勤于思考,敢于联想猜测,对同一问题多层面、多视角地去观察、分析和思考,小中见大,透过现象看本质。通过探因素果、正反对比、逆向思维和突破思维定式等途径和方法,提出具有创新性的问题。唯其如此,才能有利于学生领会、巩固和应用知识,适应学生的学习水平,激发学生的学习兴趣,学生的创新思维也才能得到长足发展,创新精神的培养才能落到实处。

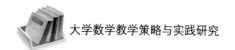

（三）探究问题，培养创新能力

教师通过鼓励学生提问，引导学生提问，使学生敢问、善问，可以强化学生的问题意识，养成提问质疑的好习惯，使学生在思考中生疑提问，在提问中深化思维，进而培养学生的创新意识和科学精神。在此基础上，教师要进一步培养学生独立思考问题、发掘问题及解决问题的能力，从而提升学生的数学素养和发展学生的创造性思维能力。这就要求教师在课堂教学过程中，根据具体情况设置问题障碍，不断增设创新性因素，以培养学生的创新能力；当一个问题解决以后，把握时机，及时转向，由此引申出其他相关问题，使学生不断从探究问题的进程中培养创新能力。

六、对培养数学交流能力的一点认识

（一）培养数学交流能力的意义

教育的目的是培养适应社会和时代发展需要的合格人才。随着信息时代的来临和科学技术的迅猛发展，不仅各门学科越来越趋于定量化方向的发展，越来越需要用数学表达其定量与定性的规律。而且，数学作为人类文化的一部分也已经并继续渗入社会生活的每一个方面。尤其是数学的读写能力——英国人称之为"数学的基本能力"——已成为人们为了有信心地应对现代社会的需要所必须具备的、同词语的读写能力一样重要的基本能力之一，这是因为人们每天都必须面对和必须能够领会社会生活中大量的诸如机会、图像、概率及数据等数学概念，这些数学概念已渗透在每天的天气预报、新闻报刊和例行公事的决定中。也就是说，数学的观念已在众多不同的层次上影响到我们的生活方式和工作效率，信息量的空前膨胀、信息交流的空前频繁更促使人们产生了对定量化思维普遍的认知需求。因此，如何应用数学这一非常简明、准确的语言，经济有效和准确地表达思想、交流信息，就使数学交流能力的培养必然成为信息时代新的数学教育目标之一，而且也是信息社会每一位合格公民适应时代发展变化越来越重要的一种客观需求与价值取向。进一步来说，教育的本质在于学生的发展，而学生的发展在很大程度上取决于他们主体意识的形成和主体参与能力的培养。现代数学学习理论的研究表明：学生学习数学是一个连续不断地同化新知识、构建新意义的过程；学生学习数学只有通过自身的操作活动和主动参与做才可能是有效的；只有经过自己的内心体验，树立起坚定的自信心才可能是成功的。因此，我们应致力于发展那些适合于全体学生的教学，而不是去筛选适合于教学的学生。而注重培养数学交流能力的教学，可以通过广泛开展个人、分组及全班等多种多样形式的研讨，给全体学生提供众多的倾听、提问、讨论、描述、总结和修正等创造性地思考和讨论交流数学问题的机会；这有益于充分发挥每一个学生的独创见解和他们思维的多样性；有助于引导他们主动探索、独立思考，并应用和发展他们听、说、读、写与观察、类比及猜想等技能来寻找、组织和应用有关数量、空间等信息，去解释和评估数学概念，发展和深化对数学的理解。使新知识、新方法的学习在他们已有认知经验的参与下，通过数学交流和学生自身的内心体验等再发现、再创造的活动，同化、吸收到自己新的认知结构中，并不断充实、完善和构建、提高自己的认知结构与水平；使学生从过去全部依赖教师被动学习逐步转变为通过师生共同研讨、相互交流达到自我教育和自我完善，从而更多地承担起学习的责任；使每一个学生在不断获得各自不同的成功体验中，不断增强学习数学的热情和信心与自主学习的意识，真正实现学生主动、全面的发展。数学教育的实践证明：当学生在学会表达和交流他们的思想时，他们同时也在学习如何澄清、精确和巩固他们的思维，进而加深他们对数学的理解，提高数学的素养。

（二）培养数学交流能力的几种方法

1. 口头交流

口头交流即个人发言、数学对话、分组讨论和倾听等方式的总称。在我国传统的数学教学中，学生的讨论交流很少，教师的重复讲解则很多；学生说的机会少，教师听的时候更少，这非常不利于学生学习和发展对数学的认识与理解。而口头交流就是通过全班或分组讨论、数学对话及个人发言等方式创设一种情景，使学生在提出问题、讨论概念和交流各自的思路解法、提出改进意见，学习和倾听他人的思想见解，概括总结经验，评价数学思想方法，以至出错改错等内心体验和创造性的思维活动中来逐步澄清、精确、巩固和提高他们对数学概念的理解和掌握，来培养和增强他们主动探索和独立获取知识的意识和能力，来帮助他们逐渐认识和理解数学语言的价值与功能，并构筑起自己的数学网络。教学实践也说明：一个学生获得这些数学交流的机会越多，他就能学得越好。而且，这一方法对于数学后进生、中等生来说，有着特别重要的意义。在课堂教学中，应彻底摒弃教师"一言堂、演绎活"的不良做法，广泛开展师生之间、学生之间名副其实的数学交流，鼓励讨论和各种观点之间的交锋，给每一个学生以尽可能同样多的交流机会，鼓励并认真听取后进生、中等生们参与讨论和发表自己的见解，使所有学生都能够充分发挥并不断发展他们学习数学的能动性、自主性和创造性，都能在各自的最近发展区取得充分的发展和进步。

2. 书面写作

书面写作不仅指传统的书面作业与练习及章节知识和结构的归纳小结，还应包括记录解决问题的思维过程，陈述自己的数学经验与交换对数学内容的认识及学习体会的数学日志、书信、数学报告和小论文等各种书面表述方式。书面写作作为一种常见和重要的培养数学交流能力的方法，主要强调发表独创见解，阐明思想和修正错误，这种方法既有助于学生在独立解决数学问题时非常方便地加以应用，以帮助他们阐明自己的数学思考；同时又给他们提供了一种自由表达数学学习的方式及一种全新的角度，以帮助他们反思、整理和深化对数学的理解，并发展自己新的见解。我国的数学历来十分重视书面作业和练习，但对其他方面则较少顾及。为适应时代和教育发展的需要，应针对不同年龄层次的学生及相应的学习内容，有目的、有意识地加强其他书面数学交流方式与能力的培养和训练。

3. 阅读

阅读是了解和学习数学的一种常见方法，也是培养学生数学交流能力的一种基本策略。值得注意的是，阅读材料并不仅限于数学课本，学生自己写的作业、材料、数学史话和故事等都应成为他们的阅读内容。通过这种有序和广泛的阅读交流，他们有更多的机会从不同的角度和关系中了解和学习数学，学习他人思考问题的方法，分享同伴的解题策略。这既给学生的学习扩展了一个自然、亲切而有价值的空间，又能有效地培养和提高学生数学思维的灵活性，形成良好的数学观点。随着计算机和现代科技应用的日益广泛，数学交流及能力培养还应包括计算机等现代技术的应用。

我国对数学能力的界定是科学的，这有利于被数学教师在自己的数学教学实践中确切地把握，使数学教学有明确的方向和目标，有明确的评价标准，体现中国数学教育的特色，应当很好地坚持。我们应当做的是进一步将所提出的数学能力具体化，落实在具体的数学内容中，落实到数学课堂上去。当然，我国的数学能力结构体系也需要进一步完善，需要结合具体内容提出相应的数学能力指标体系，这个工作任务是非常艰巨的。在教学实践中也确实存在着通过大量练习来培养学生的基本数学能力、对培养解决"非常规问题"及应用数学解决实际问题的能力重视不够等不足。但是我们必须清醒地认识到，通过练习掌握数学是数学学习的基本方法，数学教学中存在的问题是因为教学实践中没有正确领会数学能力的真正含义，采取了不正确的教学指导思想和方法所致。实际上，我国数学教育界已经非常清楚地看到了自己的问题，多年来一直在努力寻求解决的方法，特别是在培养学生的创造精神和创造力、独立获取数学知识的能力，以及应用数学解决实际问题的能力等方面，已经做出了很大的努力，而且在培养数学能力方面已经有了许多成功经验，如以培养学生的数学概括能力为基础，以培养数学思维品质为突破口的方法；从培养和训练学生的数学思想方法入手培养数学能力。

在数学教育研究中，一定要牢记数学的高度抽象性这一最本质的特征。正因为有这一特征，使得数学教育在培养学生的思维能力，特别是培养抽象逻辑思维能力方面担负了最为主要的任务，决定了数学教学在发展学生智力上的重要意义，决定了数学学习在培养学生的思维能力特别是逻辑思维能力方面的特殊作用。在强调数学与学生生活实际相联系、用数学的思维方式去

观察、分析现实社会、去解决日常生活中的问题时，一定要注意到，它们都是建立在高质量逻辑推理能力基础上的。没有一定的数学思维能力作保证，数学的应用只能是尝试错误、胡想乱猜。因此，应发挥我国数学教育的优良传统，注重数学基本能力的培养，还应该探求新的教学模式、新的教学方法，多方面、多角度培养学生的数学能力，全面推进中学数学素质教育。

第四节　强化数学素养

近年来，数学素养成为国内外数学教育所关注的热点之一，这是教育发展的必要需求，也是数学教育内部改革的必然选择。数学素养注重对学生综合素质的提升，以个体的全面发展为目的，这和教育的本质是相符的。在此背景下，如何在教育中发展学生的数学素养，探索如何构建基于数学素养发展的数学教育模式，也成为当前亟待解决的问题。

一、数学素养教育的必要性

不同的社会背景，有着不同的教育指导思想，教育的具体目标也是有区别的。数学作为一门基础学科，在教育中占有非常重要的地位，在农耕社会和工业社会中数学大多扮演着工具性的角色，但如今在信息化社会中，它对人的影响是全方位的，社会外部和教育内部的发展都要求发展学生的数学素养。

（一）社会发展需要数学素养

数学在社会各领域的广泛应用，已被人所熟知，它不仅提供了可以直接利用的知识和技能，还训练了人的逻辑思维，培养了人的数学思想，而这些都间接地影响了人们分析问题和处理问题。随着科技的发展，如今日常生活也离不开数学，出行、消费、理财、保险都需要用到数学。数量、图表和几何信息充斥着报纸、电视和网络等新旧媒体，如果不能读懂这些信息将会是现代社会意义上的"文盲"。《美国学校数学教育的原则和标准》中指出：在这不断更新的社会里，那些懂得且能运用数学的人们，大大提高了规划他们未来的机会和选择。对数学的精通，为他们打开了通向美好未来之门。相反，这美好之门对缺乏数学能力之人是关闭的。而且，一个只有少数人懂得数学在经济、政治和科学研究中所扮演主要角色的社会与一个民主社会的价值及经济的需要是不相吻合的。

应该看到，用数学描述各种现象的数量关系，并通过建构模型进行分析和预测，这种思想对人的生活是十分重要的，而这种思想的培养是其他学科难以取代的。它不仅需要数学知识、数学技能，也需要数学思维，这些都是数学素养的体现。因此，未来社会需要具备较高数学素养的人才。

（二）数学教育需要发展数学素养

中华人民共和国成立后百废待兴，教育以培养适应工业发展的人才为主，数学更多的是起着工具性价值的作用。当时的学生不多，吃苦耐劳能力也更强，讲授型的教学方式和解题与记忆为主的学习方式是符合当时社会对数学教育的要求的。随着 20 世纪 80 年代的改革开放，我国经济发展取得了快速的发展，义务教育虽然越来越普及，但是社会上对学生学习的诱惑因素也越来越多，而且社会对人才的需求出现了结构性的调整。在这种背景下，原有的数学教育模式，既缺乏了教育的效率，也失去了学习的魅力。在全民义务教育的模式下，为考试而学习的现象将会得到改变，吸引学生学习数学的只能是数学的社会价值和数学本身的魅力，通过数学的学习，培养分析问题、解决问题的能力。教育的发展趋势说明，为了学生未来的进一步发展，需要在数学教育中发展学生的数学素养。近年来有关的教育方针和政策都指出了这一点。

应该看到，随着社会的发展，数学教育应当着力于以现代数学思想方法观去改造传统的数学形式教育观，力求体现出它的时代文化特征，而这需要教师树立正确的素质教育观。因此，数学教育需要数学素养，需要用数学素养指导数学教育改革，指导学校的数学教学，从而在数学教育中更好地发展

学生的数学素养。

二、目前数学素养教育的缺失

尽管数学素养的价值已经得到社会的普遍认可，数学课程标准中也指出了数学素养的重要性，但是在教育实践和数学课程资源中，数学素养还是缺失的。

（一）数学素养教育与数学课程标准的偏差

从我国数学课程的发展历程中可以看出，数学素养在我国的数学课程改革中扮演着越来越重要的角色。尤其是 2000 年以后，数学素养更是成为影响数学课程改革的重要因素。目前所实施的《义务教育数学课程标准》和《普通高中数学课程标准》与之前的旧标准有着较大的区别，重视了对学生数学素养的培养，但也存在若干不足，主要表现在以下三个方面。

1. 知识基础与数学应用结合点的失衡

目前的课程标准增加了一些新的数学知识，尤其是数学应用方面的知识，对于一些原有的数学知识进行了删除或者降低了难度要求。应该看到，虽然以往的课程标准中存在着一些数学内容过分形式化、偏窄或偏深的现象，但是必要的数学基础是数学素养发展的基础，对知识点的删除需要慎重处理，不能一刀切。新课程标准重视了对数学的应用，其出发点是培养学生应用数学的意识，这是值得肯定的，但是这需要有一个度，不能什么知识的教学都要追求它的应用价值。课程标准中还强调教学要从学生已有的生活经验出发，让学生亲身经历将实际问题抽象成数学模型并进行解释与实际应用的过程。这种做法不仅在学时上不允许，而且对学生在数学知识体系的构建上也是不利的，过分重视数学过程的体验和数学知识的应用会导致学生对知识的认识见木不见林，难以形成整体的知识系统。

因此，课程标准应该处理好继承和发展的关系。广而浅的课程内容，在一定程度上会削弱学生的数学基础；而扎实的数学基础是发展数学素养的根本条件。可以说，目前的数学课程标准在知识基础和数学的应用方面存在失衡的现象。

2. 知识体系和内容要求有待进一步厘清

新课程的内容编排上采用了螺旋式上升的方式，这种编排认为应该将比较高深的学科知识让学生从低年级起就开始学习，以后随着年级的升高，多次反复学习，逐渐加深理解，这样才能真正掌握它。这种编排方式有其合理的一面，体现了学生思维发展的阶段性特点。但是，如果处理得不好，容易导致知识点过于分散，学生难以掌握系统性知识，而且不合理的课程编排反而会增加学生的学习难度。例如，目前的课程内容设置中一些内容学时不够，一些内容学时又偏多；一些内容的学习刚有点入门，又马上要切换到另一个内容的学习中，这些都增加了教与学的难度。

应该看到，螺旋式的内容学习并不是说一开始就让低年级学生去学习艰深的公理、概念和公式，而是要用适合学生能力水平的方式来学习，教什么知识，使用什么样的方式方法，必须经过慎重的选择。而且教材编排体系需要精心的考虑，这些问题如果处理得不好，不但达不到预期的效果，反而不利于学生打好数学基础。目前数学课程标准中的知识体系和内容要求还有待进一步厘清。

3. 教学理念和教学方法需要深化与落实

数学新课程指出学生是学习的主体，教师是学习的组织者、引导者与合作者，学生可以在教师的指导下进行自主选择，必要时还可以进行适当的转换、调整。这种定位的出发点是正确的，它能有效地改变以往教师满堂灌的教学方式，也有利于学生更扎实地掌握数学知识。但是，不能矫枉过正，如果不论是概念还是性质都要让学生参与获得知识的全过程，什么知识都是让学生自己去发现，这不但会影响课堂教学效率，也会影响教学质量。应该看到，并不是所有的数学知识都是适合探究式、发现式、体验式教学的，也并不是所有学生都能适应这种学习方式，在实际的教学中，所谓的小组讨论往往是几位成绩优秀学生的独角戏。这不仅是因为学生的阅历和生活经历有限，而且很多数学知识是几千年积累而形成的，学生很难在有限的时间内精确掌

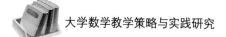

握，必须在教师的传授和指导下进行学习。

事实上，在课堂教学中，判断学生学习方式的好坏和优劣并不在于进行接受式学习还是发现式学习。而在于学生是否真正成为学习的主体，是否在积极地进行独立思考，是否在主动参与课堂教学，是否是有意义的学习。如果学生没有成为学习的主体，只是消极、被动地进行发现和探究，这种机械式的学习方式，不会有多大的效果。有意义接受学习的方式不仅不能全盘否定，而且在今后的数学课堂中仍然是一种主要的学习方式，因此，教师定位就不应该仅仅是学生学习的组织者、引导者和合作者，而且还应该是知识传授者。而这需要深化教师教育，让课程的理念得到真正的落实。

（二）数学素养教育与教师实践的落差

在数学教学中常看到这样一种现象：讲台上教师口沫横飞地讲解和不停地演算，认真的学生努力地抄写或盯着老师的每一个步骤，生怕漏了重要的解法；而基础较差的学生，不是昏昏欲睡就是双眼茫然。这是一种比较普遍的现象，目前有很多学校所热衷的学习文化，在本质上就是要求学生能用心听讲、认真背诵、做练习和考试。

为了提高考试成绩，一些教师在数学教学中采用了大运动员的"题型＋解法"的解题训练，学生被逐步训练成了反应灵敏的"解题机器"，学生的数学智能降低为解题技能，甚至沦为本能，学生仅能对熟悉的题型产生本能的反应，而对陌生的题型束手无策，无法灵活运用已有数学知识分析和解决问题。虽然说这种应试教育也不自觉地培养了学生的综合素质，但它培养出的综合素质是不全面和不系统的。有学者研究表明，目前的数学教育在内容上缺乏时代感，教学手段仍没有脱离应试、解题模式，学生参与少，难以唤起学生的积极性，教学评估落后。虽然国家大力提倡数学素养，但是何为数学素养并未阐明其内涵，教师的培训也缺乏深度，这导致了一些教师的数学课堂教学更是偏离了发展学生数学素养的教育目标，要么过于注重学生的获得和过程体验，而忽视了知识的系统性，导致数学学习见木不见林；要么偏重应试教育，将数学素养等同于数学成绩。这些都说明，目前的数学教师的教学实践和数学素养的教育要求存在落差。造成这种落差的原因是多方面的，但显然不改变是难以更好地发展学生的数学素养的。

三、数学素养教育的构建

培养学生的数学素养已成了目前数学教育的发展趋势，但是目前的数学教育实践中数学素养还是缺失的。究其原因，除了功利性的社会背景以外，数学素养自身研究的缺失也是导致这种现象的一个重要因素。要让数学教育的实践层面突出数学素养，必须从以下几个方面构建数学素养教育。

（一）明确数学素养内涵

虽然自 2000 年以来我国的数学课程改革已将数学素养上升到了一个很高的高度，但是很多一线教师对何为数学素养还缺乏认知，究其原因主要在于数学素养内涵的模糊。目前国内，无论是数学课程标准，还是各种纲领性文件中都没有明确阐述数学素养的内涵，而是理念性地提出数学素养的名词，也很少有文献就数学素养的内涵进行深入探讨。这种缺失导致了很多一线教师对数学素养的把握出现了偏差，在具体的教学实践中或者将其理解为降低知识难度的活动式和讨论式课堂教学，乱贴数学素养教育的标签；或者还是坚持原来的教学理念和教学方式，一成不变。很多学者的调查也都表明，一些数学教师的教学理念和教学方式与新课程的要求还存在不小的差距。因此，要构建数学素养教育，必须厘清数学素养的内涵。

从国内外的数学素养内涵研究分析中可以看出，要审视数学素养的内涵，应该从社会的角度分析数学的价值，从个人的生活和终身学习的角度分析数学的作用。数学素养是一个基于外部联结的个体内部反应的概念，应该从个体终身学习的角度出发，聚焦于个体在真实世界中的工作和生活。

（二）完善数学课程标准

现有的数学课程标准，无论是在数学内容的选择和编排上，还是在考核要求上与发展数学素养还有差距。应该看到，没有一定的数学知识积累和数学技能训练，是无法发展学生的数学素养的。因此，在数学课程标准的改革中，要重视对学生基础知识和基本技能的培养，这也是学生发展数学思想的基础。课程标准的制定，既要重视知识的系统性，在保证知识具有一定整体性的情况下，再融入螺旋式知识编排的优势；也要恰当地处理知识的广度和深度的问题。

在课程理念方面，虽然可以提倡快乐学习，但这并不能以降低难度为代价，尤其是一些核心知识的难度还需要保持在一定的水准上。其实，无论是哪一门学科的学习，如果没有投入一定的精力、没有经历一定深度的思维过程，是难以达到学习效果的。所谓的快乐学习和知识的深度并不能完全画上等号，难道课程的难度降低了，学生就一定都会喜欢吗？此外，由于个体思维特征、成长环境等的区别，不同学生对数学有不同的兴趣、不同的需求，到了高年级后，数学基础也会有所不同，这就需要数学课程标准在保证学生具有一定的数学基础后，能根据学生的不同需求设置不同的选修课程。目前的选修课制度和内容划分与尊重个体在学习中的差异性是不相符的，也不利于学生数学素养的发展。因此，可以根据学生未来要选择学习的专业、学校的类型和层次，设置不同难度和不同内容的数学课程，落实选修课制度和学分制。当然，这种分层次、体现学生个性差异的数学课程的实施，需要相应的教育体制作为配套，通过选拔机制引导、深化数学教育课程的改革。

（三）提高数学教师培训的有效性

数学课程标准的理念如何落实，教师教育是一个很好的渠道，但是从目前的研究来看，这方面做得还不够。课程标准无论是在内容、操作上，还是在评价指导上应该更明确，除此之外也说明了新课程改革后缺乏进行有效的教师教育，让新课程的理念得到真正的落实。因此，要在教学实践中进一步落实数学素养教育，就需要开展针对性的教师教育。

在职前教师教育中，要重视对职前教师教学知识的培养，并向职前教师传达新课程的教学理念、学习课程标准的具体内容。由于职前教师还没有教学工作的经历，他们对教学是陌生的，尤其是对教学中该如何把握学生的知识基础、思维特点及课堂反应等方面都不会很准确，这对他们的教学会产生很大的影响。为此，除了尽量为他们创造实践机会外，也可在实践场所受到限制的情况下，通过阅读有关的教学文献，深化教学研究，以研促教。对在职教师的培训要长短期相结合，培训形式可以多样化，例如可以项目研究的形式促进高校教师和一线数学教师的交流，也要有具体的培训反馈机制。在教师培训中培养教师的反思意识，培训后也要有一定的反馈渠道，供教师与培训者之间的再交流。此外，在职教师培训的质量监控和反馈也是十分重要的，这不但有利于解决被培训者的疑问，更好地将理论与实践相结合，也有利于培训者更好地了解一线教师所需要的是什么，而且这种交流也有利于促进后期的进一步合作。

（四）建立科学合理的教育评价

教育测评对教育有着很强的导向作用，目前的数学教育评价体系虽然有所变化，但是还有进一步改进的空间，如何编制出一套能选出好人才的数学试卷一直是数学教师和研究者努力的重点。除了这种选拔性测评之外，其实还可以针对各学校的数学教育质量，构建数学素养测评体系，让数学教育的评价更加合理化。

第五章 大学数学的教学方法改革策略研究

第一节 探究式教学方法的运用

一、什么是探究式课堂教学

探究式课堂教学就是指在课堂教学中以探讨研究为主的教学。完整地说，也就是高等数学教师在课堂教学的过程中，通过启发和引导学生独立自主地学习，以共同讨论为前提，根据教材的内容为基本探究的切入点，将学生周围的实际生活为参照对象，为学生创设自由发挥、探讨问题的机会，通过让学生个人、小组或是集体等多种方式解难释疑尝试的活动，把他们所学的知识用在实际解决问题的一种教学方式。

数学教师是探究式课堂教学的引导者，主要调动中高校学生学习数学的积极性，发挥他们的思维能力，然后获取更多的数学知识，培养他们发现问题、分析问题及解决问题的能力。同时，教师要为学生创设探究的环境氛围，以便有利于探究的发展，教师要把握好探究的深度和评价探究的成败。学生作为探究式课堂教学的主体，要参照数学教师为他们创设的及提供的条件，要认真明确探究的目标，发挥思考探究问题、掌握探究方法、沟通交流探究的内容并总结探究的结果。探究式课堂教学有着一定的教学特点，主要表现为：首先，探究式课堂教学比较重视培养高校学生的实践能力和创新精神；其次，探究式课堂教学体现了高校学生学习数学的自主性；最后，探究式课堂教学能破除"自我中心"，促进教师在探究中"自我发展"。

二、探究式教学的影响因素及实施

（一）探究式教学的影响因素

1. 探究式教学与学习者有关

指学习者具有自主开展学习活动所需要的获取、收集、分析及理解知识和信息的技能，以及热爱学习的习惯、态度、能力和意愿。以这一指标来衡量高等数学课程教育，体现高等数学课程中学生自主学习为主的特色。

2. 探究式教学与课程的设置有关

课程的设置是一门实践性很强的科学，它使学生经过系统的基础知识的学习后，获得一种对社会的适应力。以这一指标衡量高等数学课，有助于推动理论联系实际的教学，贯彻学校培养应用型人才的培养目标。

3. 探究式教学和人与人之间的交流沟通有关

学生要不断自我完善，具有良好的心理素质、职业道德及诚信待人等品质。以这一指标衡量高等数学课，丰富了人才培养目标的内涵，也与竞争比较激烈的社会特点相适合。

（二）探究式教学的实施

教师必须基本功扎实，熟悉教学过程，了解学生的基础，掌握教学大纲，熟悉教材。能把握教学的中心，突出重点，合理设置教学梯度，创设探究式教学的情境，使学生能配合教师搞好教学。

教师应精讲教学内容，掌握好教与练的尺度，腾出更多的时间让学生做课内练习，这不仅有利于学生及时消化教学内容，而且有利于教师随时了解学生掌握知识的情况，及时调整教学思路，找准教学梯度，使教与学不脱节，

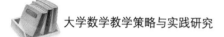

保证教学质量。练习是学习和巩固知识的唯一途径，如果将练习全部放在课后，练习时间难以保障。另外，对于基础较差的学生，如果没有充分的课堂训练，自己独立完成作业很困难，一旦遇到的困难太多，他们就会选择放弃或抄袭。

巧设情境，加强实践教学环节。以新颖教学风格吸引学生的注意，让学生在愉悦的氛围下学会知识。针对不同的培养目标，对有些对象可将数学理论的推导和证明实施弱化处理，以够用为主。要加强学生的动手操作能力的培养，也不必让非数学专业的学生达到数学专业的学习目标。另外，通过数学实验学生可以充分体验到数学软件的强大功能。数学的直接应用离不开计算机，对于工科学生最重要的是学会如何应用数学原理和方法解决实际问题。要把理论教学和实验教学有机地结合起来。

第二节　启发式教学方法的运用

启发和数学启发式教学是本研究中的关键术语，对其认识和界定的不同，直接影响以此为基点建立的教学理论，因而有必要进一步认识"启发"及"数学启发式教学"的内涵和实质。在此主要以历史途径与理性途径相结合的方式展开研究。

一、"启发"的含义及数学启发式教学

（一）"启发"的含义

1. "启发"含义溯源

"启发"一词最早来源于孔子的经典论断"不愤不启，不悱不发。举一隅不以三隅反，则不复也"。其中"愤"指发奋学习，主动积极思考问题时，有疑难而又想不通的心理状态。"启"意味着教师开启思路，引导学生解除疑惑。

"悱"指经过独立思考，想表达问题而又表达不出来的困境。"发"意味着教师引导学生通畅语言表达。由此可看出启发的时机是"愤""悱"之时，即学生达到思维激活、情感亢奋的心理状态；启发的核心是开启学生的思维、点拨学生的思路，使学生的思维处于主动积极状态，经过思考得出问题的结论；启发的目标是举一反三。

从认知的角度理解，"愤"侧重于思维，即苦思而不得其解；"悱"侧重于语言，即心通而不能言说。"愤悱"是指认识上的"疑难"和"困惑"状态，其实质是学生这一认知主体对教学内容的认知处于一种既有所知而又非全知，熟知而又非真知；既清楚认识所面临的困惑，而又不甘心于这种困境的迷惘不解的状态。从非认知的角度看，"愤""悱"可理解为求知欲、学习需要及内在动机，因而"愤悱"蕴含了认知与非认知的双重意义，是学生达到思维激活、情感亢奋及潜心探索的一种心理状态。教学过程就是以这种认知上的疑难、困惑状态为逻辑起点，不断解疑的过程。

在孔子的启发式教学中，强调愤则启，悱则发，因此"启发"的时机是在学生"愤悱"之时，这和当时由学论教、个别教学的时代背景有关，实质上更强调学生独立思考的作用。在当前的数学教学中，以班级授课制为主要的教学形式，学生学习的主动性和良好的学习心向，除需要主体有较强的自我意识外，还有赖于教师的激发，而不局限于等到学生自己"愤悱"时，教师才开始引导。由此可见，教师要创设富有启发性的教学情境，诱发问题，使学生产生疑难和困惑，形成认知冲突，从而引起"愤悱"，以此为基础进一步加以启发。因而需对"启发"的含义、时机等赋予新的阐释和理解。《学记》中提出的"道而弗牵，强而弗抑，开而弗达"，即引导学生而不牵着学生走，鼓励学生而不强迫学生走，启发学生而不代替学生达成结论，对"启发"的力度做了精辟的论述，有助于对"启发"的进一步阐释。

2. 本书对"启发"含义的界定

"启"在现代教育词典中主要指开启、打开，"发"指启发、开导，还有表达、说出，发生、生长之意切。"启发"是指点别人使其有所领悟的意思。"不愤不启，不悱不发"中的"启"可理解为教师开启学生的思路，引导学生

解除疑惑，而不直接告诉结论。"发"意味着教师开导学生通畅语言表达而不代替学生表达。虽然孔子时代的启和发均指教师的行为，但教师的作用重在开启和引导。

在信息时代和学习型社会中，未来的文盲已不是没有知识的人，而是不会学习知识的人，因此使学生学会学习、具有终身学习的潜能，发展学生对事物的认识力，已成为教学的育人目标之一，是可持续发展和终身教育思想的必然要求。学会学习重在使学生学会思维，然而学生学会学习的能力不是自生自灭的，开始阶段离不开教师的启发引导，以此逐步学会自我启发。正如叶圣陶先生所指出的"教是为了不教"，教任何功课的最终目的都在于达到不需要教。进一步来说，为不教而教，即是为学习而教，为学习化社会的终身学习而教。教师教学旨在启发引导，使学生学会学习。

鉴于此，本书对"启发"做出如下界定："启"指教师的开启、引导和点拨；"发"指学生思维活动的发生、发展及知识和能力的自然生长。这里的自然生长不是对学生的放任自流，而要经历教师合理引导下的生长到自我生长的过程。若需把思维过程可视化时，"发"还指学生对自己想法的表达。在教学过程中对"启、发"可作历史的、动态的理解，由孔子时代的教师启发到教师启、学生发，最终发展为学生的自我启发。其中使学生学会自我启发是启发式教学的最高境界和归宿，不仅在课堂学习中学会自我启发，而且在课外乃至终身学习中学会自我启发，以有利于学生的可持续发展。

（二）数学启发式教学

1. 数学启发式教学

鉴于数学的学科特点和数学教学的特殊性，即数学以抽象的形式化的思想材料为研究对象，数学活动以思辨的思想活动为主，数学教学是数学思维活动的教学。本文对数学启发式教学做如下概括。

数学启发式教学是指教师从学生已有的数学知识、经验和思维水平出发，力求创设"愤悱"的数学教学情境以产生认知冲突，形成认知和情感的不平衡态势，从而启迪学生主动积极思维，引导学生学会思考。通过点拨思路和方法，旨在使学生的数学思维活动得以发生和发展，数学知识、经验和能力得到生长，以从中领悟数学本质，达成教学目标的过程。这一过程实质上是由认识的困惑到解疑、由模糊到确定的动态平衡过程，是尽可能创设"愤悱"数学教学情境的过程。

其中能否在学生的"最近发展区"内创设富有启发性的数学问题情境，使问题情境与学生认知结构中的适当知识建立自然的、内在的、逻辑联系，从而激活学生的数学思维，引起学生的"愤悱"，最终生成有效的数学探索活动是数学启发式教学成败的关键。数学启发式教学需要学生充分的思维参与和情感参与，通过教师引导下的主动建构和探索过程的体验，达到对数学试题本质的理解。其最终以提高学生学习的主动性和迁移能力为宗旨，以学生学会数学思维，发展对事物的认识力为目标。

数学启发式教学中，学生数学思维的主动性和积极性主要在于学生头脑内部激烈的思想活动，在于学生全神贯注地、目标明确地动脑思考。如理解数学教学内容、探索解决问题的途径、体验和领悟解决问题的过程及蕴含的数学思想方法等。对某些数学课堂教学中学生虚假的主动积极性要区别对待，即教师快速地向学生提出一连串问题性、事实性的浅层次问题，学生为了迎合教师的心理，积极配合并抢着举手问答，这些问题大多不需仔细思考就能得出教师希望的答案。一堂课就在教师不断地问和学生积极地简短回答中进行，课堂气氛活跃、教学容量较大。但教师若向学生提出一些不能简短回答而需要深层思维的思考型问题时，学生则显得束手无策，因此学生数学思维真正的主动积极性并不在于频频举手和猜中教师所期望的答案，而在于教师有目的地引导和启发学生"想数学"，使学生头脑内部展开激烈的数学思维活动。

本研究把数学启发式教学放在教学指导思想和方法论层面展开研究，即数学启发式教学是数学课堂教学中应遵循的基本思想，是数学教学方法体系的指导思想，因而严格意义上数学启发式教学没有固定的教学模式，也没有数学启发式教学法之说。单纯以某种教学方法的运用作为衡量启发式教学的标准是不恰当的，诸如认为问答法、发现法是启发式的，讲授法是注入式的

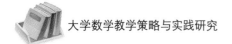

观点需要进一步透析和厘清。

2. 数学启发式教学与讲授教学法和发现教学法

（1）对讲授教学法和发现教学法的基本认识

在时下的教学田野中，教法的实质性变革比课程、教材改革有着百倍的艰难，加之传统延续的伟力不易超越，因此我们的教法变革在实质上并没有重大突破，貌合神离、神散形似的新教法较多，并没有焕发其真正的张力。就讲授教学法与发现教学法来说，由于部分教师对其精神实质的理解有一些偏差，加之缺乏必要的教学思想作指导，在教学实践中未能遵循学生的心理规律进行教学，致使讲授教学变成注入式、被动式，接受学习变成机械学习，因而对讲授教学和接受学习的有效性抱有怀疑态度。与此同时，人们对发现教学法的认识也存在一定程度的偏颇，有的认为发现学习对学生来说高不可攀，同时会无谓地浪费时间，造成教学的低效，因此在仿而无效时对发现教学法抱有排斥态度，从而使发现教学和讲授教学处于两难境地。基于此，有必要对讲授教学法和发现教学法的思想进行理性的分析和思考。

布鲁纳和奥苏贝尔是以认知结构论为理论范式的代表人物，他们认为学习过程是认知结构的组织和再组织过程，并重视学生积极主动的活动过程。然而尽管他们都主张认知学习观，但在具体的学习与教学方法上，两者的观点却不同。布鲁纳强调的是发现学习与发现教学方法，而奥苏贝尔强调的是有意义接受学习与言语讲授教学方法。发现学习的特征是呈现有关问题或背景材料，由学习者发现主要内容，自己得出结论，然后再将发现内容和结论加以内化，使新学习的内容与认知结构中的适当知识联系起来，融为一体。接受学习的特征是把要学习的主要内容以定论的形式呈现给学习者，不需要学习者独立发现，但需要他们将学习材料加以内化，即将新学习的内容与自己认知结构中适当的知识进行整合，并贮存于已有的认知结构之中。

目前，当务之急是挖掘讲授教学和发现教学的合理内核。特别在当前的课程与教学改革中，不应以教学方法的新旧代替好坏，以形式代替实质，形式上的创新在实质上可能是无效的，而形式上的保守在实质上也可能是有效的。事实上讲授教学可以是有意义的和积极主动的，对学生掌握系统的知识体系，形成良好的认知结构网络具有重要作用。不能把某些教师误用所造成的后果当成其本身固有的毛病，犹如倒婴儿的洗澡水不应连同婴儿一起倒掉一样。讲授法并不是注入式的代名词，如果教师的讲授教学能唤起学生求知的兴趣和热情，能激活学生头脑内部的思维活动，能解学生之困惑，这样的"讲授教学"就是有效的、富有启发性的教学。教师运用讲授教学法，重在引导和启迪学生建立知识间的非人为和实质性联系，从而实现有意义地学习。运用发现教学法重在使学生超越已有现象再进行组合，以此获得新的领悟，从而培养学习者探索、发现的意识和精神。正如布鲁纳所指出的，通过发现教学培养学生对于发现的兴奋感，即由于发现观念间的以前未曾认识的关系和相似性的规律而产生的对本身能力的自信感。与此同时，他认为并不是所有学习内容都要求学生去发现。曾经从事于自然科学和数学课程设计工作的各方面人士，都极力主张在提出一个学科的基本结构时，可以保留一些令人兴奋的部分，引导学生自己去发现它。由此可看出，认为所有学习内容都要求学生去发现，事实上是后人对布鲁纳发现教学法思想的误解。

　　讲授教学法和发现教学法并不是对立、排斥的两极关系，而是可以互相补充、互相配合和促进的，要在二者之间寻求适当的平衡。一堂课中可能某些教学内容适于教师讲授，另一些内容适于运用发现法或其他教学方法。同时教师运用发现教学法，重在追求其神而不是其形，用发现法的思想指导教学活动，教学目标着眼于引导学生经历探索活动的过程，体验探索过程对自己的思维启迪，感受科学研究一般方法的熏陶，发展对事物的认识力，从而实现有意义的发现学习。当然学生的学习活动中并非一味地排斥机械记忆，但用于帮助记忆的机械学习只能是辅助性的，不能用来代替有意义学习，因此无论讲授教学还是发现教学都需把引导学生主动探索的理念贯穿始终，以实现有意义学习为基本宗旨，其是讲授教学和发现教学有效性的重要体现。这就要求教师切实把握讲授教学和发现教学的精神实质，并探寻提高其有效性的基本路径。

　　有效的讲授教学和发现教学均应使学生的思维和情感处于主动积极状态，而积极主动的倾向性的形成离不开教师的启发和引导，使学生的思维处于主动积极状态是启发式教学的核心。在当前的教学实践中，致使讲授教学和发现教学处于两难境地的原因之一是忽视了对中国传统教育思想的精华——启发式教学思想的继承、发展和贯穿，而大量引进和移植国外的教学思想、教学模式和教学方法，追求一些所谓的新教法，以形式代替实质，造成形式与其负载的实质的支离，而缺少植根于我国教学田野的本土化研究。

（2）数学启发式教学与讲授教学法和发现教学法

针对数学较抽象与严谨的特点，学习数学有一定的难度，需要学生付出必要的意志努力，因而课堂教学中，学生的数学学习离不开教师的讲授，特别是教师的启发式讲授在数学教学中尤为重要，否则学习质量和效益都无法得到保证。在讲授教学中，要学习的主要数学内容虽然是以定论的形式呈现给学习者，但这并不意味着教师越俎代庖式地径直告诉学生有待掌握的数学知识和解决问题的程序，然后学生消极旁观地倾听并进行简单的记忆和模仿，而要引导学生使新学习的内容与认知结构中适当知识建立自然的、内在的逻辑联系，对教师的讲授做出自己的解释，建构新知识的意义，以此加以内化，从而使新旧知识融为一体。这里新知识的内化不是简单地被记录下来，而是一个积极的理解和转化过程，需要学习者通过自主的思维活动去建构这种联系，需要学习者经历一系列复杂的思维加工过程，学生既要接收信息，又要加工信息，以建构知识的心理意义，此过程本身即有意义的探索过程。在这一活动过程中，教师的讲授就不应是教师简单告诉、学生被动接受的灌输式讲授，而应是启发式讲授，因此数学启发式教学并不排斥讲授教学，倡导教师富有启发性的讲授，即讲授能真正解学生之惑，使教师与学生的思维产生共鸣，学生有一种其言皆若出于吾之口、其意皆若出于吾之心的体验。

在现今的数学课堂教学中要提高发现教学法的有效性，避免学生盲目地发现和无效地活动，则更离不开教师的启发和引导。因为学生的有效"再发现"不是放任自流的，需要教师精心设计教学过程，通过数学教学情境的创设，为学生的发现搭建脚手架，在学生的"发现"之路上适时恰当地给予启发、引导和铺垫，才能够使学生在有意义的思考路线上进行有意义的探索。这时教师的启发引导作用非但没有降低，反而对教师提出了更高的要求。函数单调性的教学中，按照概念形成的教学方式，无论是在刺激、辨析、分化和类化阶段还是抽象、验证、概括和形式化阶段，要使学生发现函数单调性的形式化表达，每一阶段都离不开教师的引导、启发和师生的共同探索。

在数学教学中，有效的讲授教学和发现教学均离不开教师的启发和引导，都需要贯穿数学启发式教学的思想，从而使讲授教学成为启发式讲授，发现教学成为教师引导和启发下的有意义发现，逐步增强学生独立发现的意识和能力。

"教数学"即"教学生学数学"，教的本质在于启发引导，教师是学生的思维向导。同样是讲授法或发现法，不同的教师运用时，因其指导思想的不同所产生的教学效果可能是大相径庭的，因此以数学启发式教学为指导思想，把握启发的目标、时机和力度，对于提高讲授教学和发现教学的有效性，摆脱注入式和机械学习的束缚显得尤为重要。当然，要提高讲授教学和发现教学的有效性，实现有意义的接受学习和有意义的发现学习，应注重理解启发式教学的精神实质，并把其作为教学指导思想切实贯穿到教学过程中。在数学教学中，教师根据数学教学内容的特点，学生已有的知识、经验和数学思维发展的实际水平，把握什么内容该讲、什么内容该引导学生发现，灵活选择和综合运用相应的教学方法，而不是拘泥或追求教学方法的外在形式，这是教师教学智慧的真正展现。

（三）数学启发式教学的基本目的与意义

1. 数学启发式教学的基本目的——促进学生的数学理解

苏联哲学家伊里英科夫指出："损坏思维的器官要比损坏人体的任何一个别的器官都要容易得多，而要医治好它却很困难。如果治疗晚了，要想医治好就根本不可能。毁坏脑子和智力的最可靠的方法之一，就是形式主义地死记知识。"恰好是数学教师也许比别的教师具有很大的优势可以毁坏学生的脑子，强迫他们不理解意义地死记数学真理，不理解所进行的运算和操作的实质去解题。由此可见，数学理解在数学学习中的重要作用。

关于数学理解，有代表性的几种表述虽然形式上有一些差别，但其本质上是类似的。如一个数学概念或方法或事实是理解了，如果它成了内部网络的一部分。学习一个数学概念、原理、法则，如果在心理上能组织起适当、有效的认知结构，并使之成为个人内部的知识网络的一部分，那么才说明是理解了。其实质都强调学生在头脑中形成关于该数学知识的内部网络，使数学知识与已有的数学认知结构建立了内部联系，因此数学知识结构网络的建立和改进是数学理解的内部活动，理解就是要建立内部知识网络之间更多、更好的联系，使原以为无关的知识或方法之间建立了自然的内在的意义联系，为学习的相互影响奠定基础，为迁移提供有利的条件。

在数学启发式教学中，教师不是径直告诉学生有待掌握的知识，学生被动接受，然后进行机械记忆和模仿练习；而是从学生已有的知识、经验和思维水平出发，通过创设富有启发性的情境，启迪学生思维，由此产生困惑并形成力求认知的学习心向，从而使学生主动积极地参与，以实现有意义的学习过程。此时需要激活学生认知结构中的相关知识和观念，使新学习的内容与学生头脑中原有的知识网络建立实质性联系，才能使学生的思维真正得以发生和发展。这一过程事实上是建立和生成新旧知识之间内在联系的过程，以使新知识成为学生内部知识网络的一部分，也就是形成数学理解的过程。通过数学启发式教学重在促进学生对数学本质的理解，促进数学理解是数学启发式教学的基本目的之一。因为若仅满足于不加理解的机械记忆，数学教学也就失去了启发的必要性。同时数学理解是有繁殖力的，先前理解得好的数学知识，在新的情况下，更有可能产生新的理解，更容易激活先前知识和新知识之间的联系，有利于启而得发或自我启发，以提高数学启发式教学的有效性。

数学启发式教学中，在强调数学理解的同时，也不能忽视记忆。记忆是思考的必要条件，离开了记忆，也就无从思考。而记忆应以理解为基础，未经理解的记忆，只是呆板的、机械的，对思考能力的培养并无多大的助益。同时，理解知识的思维活动和创造性地解决问题的思维活动并不是互不相干的两种心理过程，而是有着内在联系的连续体。

2. 数学启发式教学的基本意义——发展学生的数学思维

英国教育家爱德华·德波诺认为，"教育就是教人思维"。教会年轻人思考是教学的首要和主要目标。不仅教给他们知识，而且教给他们才智和思维的方式。启发的真谛究竟何在，怀特海有句名言："一切学科本质上应该从心智启迪开始。"就是说，启发首先在于启迪心智、启迪思维。目前关于思维的认识从不同的角度有不同的理解，其实质反映出思维是具有意识的人脑对客观事物的本质属性和内部规律性、概括、间接的反映。

数学是思维的科学，数学教学是数学思维活动的教学，数学启发式教学重在引发学生头脑内部的思想活动，使学生的思维得以发生和发展，因而数学启发式教学突出启发学生的思维，发展学生的数学思维能力，这也是数学启发式教学的基本意义所在。

若想使得数学教师像助产士一般，时刻联系着其工作对象，决不可只借用学生的耳朵，而不启动学生的脑子。

但在实际的数学教学中，启迪思维并不是一件轻松的事，而突出记忆、复现、再认似乎简单易行，于是往往容易忽略学习需要思维的事实，自觉或不自觉地取消了让学生进行思维的环境、时间和空间，取消了诱发思维的土壤和条件，而掉入机械灌输的泥潭。如注入式取消了结论所产生的思维过程，把学习变为再认识的教材或教师告诉的结论。题海战术取消了方法的思维过程，用增加知识量、记忆量、训练量的方法来取代和补偿思维能力的不足，把学习变为重复某些既定的题型和解法等。视启发为多问多答的教师，不自觉地把教学内容分解为若干细小的问题，其中多数问题是事实性、回忆性及判断性的问题，缺少能激起学生进行深层思维的富有启发性的问题，之后通过学生的不断问答逐步逼近教师预设和期待的思维结果。这种提问限制了学生的思路选择和整体考虑，学生被跨度已定的一连串提问约束在教师事先选择好的思路上。表面看学生的回答和思维很活跃，但由于注重思维结果的快速获得，学生的思维禁锢于忙碌应对教师提出的问题，缺乏必要的思维强度，学生的深层思维活动并没有被真正地激发起来，获得结果的思维过程和思考方法被忽视，与启发式教学的精神实质相悖。由此可看出，无论是注入式、题海战术还是视启发式教学为简单的问答，均忽视了学生学习中思维过程和思考方法的启迪，因而难以启发学生的深层思维。

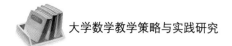

在数学启发式教学中，要真正启发并发展学生的数学思维，就要以数学知识为载体，使启发指向数学思考过程和数学思维方法，并从中把握数学知识的本质。

这里的数学思维主要指数学活动中的思维，是人脑和数学对象交互作用，并按照一般思维规律认识数学内容的内在理性活动。发展学生的数学思维可从以下两方面入手。

（1）充分暴露数学思维过程，形成启发态势

在数学教学中存在着三种思维活动，数学家的思维活动或隐或显地存在于教材之中、数学教师的思维活动和学生的思维活动之中。数学知识是数学家思维活动的成果，数学家虽然不是数学教学活动的直接参加者，但是通过书本和教师为媒介来影响教学过程，了解数学家成熟的思维过程和其间经历的一些艰辛和曲折，对学生的思维活动是大有益处的。

（2）重视数学思维方法的启迪和运用

数学以抽象的形式化的思想材料为研究对象，由此决定了数学知识的学习主要通过大量的思想实验，依靠思辨的方式进行。如果学生没有掌握一定的思维方法，或者对思维方法的运用未达到一定的水平，要实现数学启发式教学和有意义学习是困难的。因而需要学生掌握和运用一定的思维方法，才能使新旧知识之间相互作用并建立实质性联系，以实现数学有意义学习。

数学思维方法是数学思维过程中运用的基本方法。目前关于数学思维方法的分类有不同的角度和标准，如把数学思维方法分为数学思维的基本方法分析与综合，抽象、概括与具体化作为理论科学的数学思维方法演绎证明、系统化作为经验科学的思维方法观察与实验、归纳、类比、联想与猜想、一般化和特殊化数学思维中的探索方法综合法与分析法、探索性演绎法。在此从联系的角度对常用的数学思维方法分组进行讨论。

二、数学启发式教学的基本特征

数学启发式教学首先应具有与一般启发式教学共有的特征，这些特征主

要体现在以下几个方面。

1. 主体性

教学是教师教学生学的活动，存在着教学主体的双重性。教师的教学重点不是放在如何教上，而是放在学生的学习指导和点拨上。教学过程中既要充分发挥教师的主体性，引导学生能动地理解和掌握知识，促进学生潜在主体的发展，又要激发、调动学生的主体性，在教师主导、学生主动的配合下，达到教学的最佳状态。启发式教学的主体性内涵，实质上就是以建构和塑造学生主体性为目的。在教学过程中体现教学双主体性的规律，是启发式教学内在的本质规定。关注人的主体能动性、主体意识、主体精神及主体潜能的充分发展，以及它们在教学中的作用，成为现代启发式教学的主要特征。

2. 主动性

主动性是指在启发式教学活动中，学生学习的自觉性、积极性得到有效地发挥。体现在学生对学习的意义有明确的认识，掌握科学的学习方法，使学习兴趣、情感、态度和思维处于高涨、主动积极状态。学生的主动性表现在学习动力和学习方法两方面，离开学生的积极性主动性，促进学生的发展和成长则会显得苍白无力。一般来说，学生学习的积极主动性并不是自发产生的，需要教师采用一定的路径来启发和引导，从而逐步形成学习的主动性、积极性和自觉性。

3. 民主性

教师不再是知识的占有者、真理的化身、权威的象征，而是"学习共同体"中和学生一起学习、探索和研究的参与者、指导者和促进者。因此，教师的教学是在充分尊重学生内在学习需求的基础上，创设民主、平等及和谐的课堂氛围，启动学生求知欲和兴趣，激活学生的思维和想象力。让学生通过对问题的质疑、研究和探索，寻找解决问题的方法或答案。教学的过程不仅包括教师启发引导学生，而且包括师生之间和学生之间通过信息的多向传输和驱动、相互启发引导，从而在具体现实的教学情境中生成新的知识和方法。在这样的课堂文化中，师生的思维相互碰撞而闪烁着智慧的火花，教学过程成为师生间经验的共享、视界的融汇、情感的共鸣、思想的升华之动态

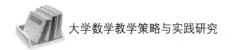

过程。

4. 发展性

发展性是指在教学过程中，教师的"教"能有效地促进学生的学，促进学生的全面发展和可持续发展，从而使教学活动真正富有成效。这一目标的实现不是自然而然的，需要一定的条件和机制，启发式教学能使这种转化富有成效，并实现发展性的目的。

数学启发式教学是基于数学学科特点的启发式教学，除具有一般启发式教学的特征外，还应从数学自身的学科特点出发，探讨数学启发式教学的特征，从而提高数学启发式教学的针对性和有效性。

三、数学启发式教学的条件系统

从系统论的视角看，数学启发式教学系统是具有离散结构的动态系统。要使系统不断结构化、层次化，从无序逐渐进入有序，就需要研究系统内部各要素之间的相互作用，研究使数学启发式教学真正得以发生的条件系统。

（一）数学启发式教学的情境性条件

数学教学情境的愤悱性是数学启发式教学的基本特征，要使数学启发式教学真正得以发生，就需要研究其相应的情境性条件。一般来说，"愤悱"数学情境应满足如下几个条件。

1. 生成富有启发性的问题

数学启发式教学的有效性依赖于学生思维活动的发生和发展程度，而思维活动的发生必定要有引起它的情境和问题，因此"愤悱"的数学情境首先要有利于生成富有启发性的问题，这里启发性的问题是指能够激发学生积极思考的问题，使之引起最强烈的思考动机和最佳的思维定向。以此为基础最大限度地引起学生的愤悱，从而使数学情境及问题成为促进学生数学学习和理解的动力机制。

在数学启发式教学中，教师设计了数学情境后，应尽量启发学生提出有意义的问题，使数学学习过程成为不断创设数学情境、不断提出数学问题—解决问题—提出问题的良性循环链，当然也并不排斥由教师提出问题。如高中"函数单调性"的课例中，教师呈现生活情境某城市某天每时的气温变化图，引导学生通过观察提出有意义的问题，形成温度"上升""下降"的朴素认识。之后教师进一步引入情境学生熟悉的一次函数和二次函数的图像，启发学生类比温度变化图，通过观察、联想、比较等获得函数上升、下降或函数值随自变量的增大而增大或减小的认识。由此生成数学问题"上升""下降"是一种日常语言，那么能否用数学语言来描述函数的这一变化态势呢？如果能，如何用较准确的数学语言描述学生在问题的驱动下主动积极思考，对问题的探究处于半生不熟、想说又不知怎么说的困境，产生一种发自内心的求知与探索欲望。此时教师可根据学生已有的数学知识、经验和思维的实际水平进行启发，采取概念同化、概念形成或两者相结合的方式引导学生获得对函数单调性的认识。

2. 自然贴切合目的

数学启发式教学突出引导学生"想数学""思考数学"，要求数学学习活动不仅是表层的行为参与，而是深层的智力参与，使学生的思维和情感均处于主动积极状态，数学知识和能力在教师的有效引导下获得自然生长。因此，教师在搭建"脚手架"时，需充分体现"教与学对应"及"教与数学对应"的二重原理，使创设的"愤悱"数学情境自然贴切合目的。其中自然贴切主要指既在学生的最近发展区内创设数学情境，又与新学习的数学内容自然衔接、有机融合；既基于学生原有的数学认知结构，又是原有认知结构的自然发展和完善，从而使新学习的内容与学生认知结构中的适当知识、经验、方法和观念建立自然的、内在的逻辑联系，以学生已有的知识和经验为生长点生成新知识，从而使数学情境与数学学习内容，以及学生的思维活动自然、有机地融为一体，最终有利于突出数学内容的本质，并有效地达成数学教学目标。

每个学生都有自己生活、思考着的特定客观世界，以及反映这个客观世界的各种数学知识，尽量创设与大多数学生的"数学现实"有密切联系的、有一定发展空间、有意义的数学情境。

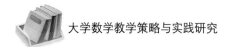

3. 简明形象有层次

基于数学抽象、系统和衔接性强等学科特点，"愤悱"的数学情境还应力求简明形象、有层次。研课活动中有一课题为"互斥事件有一个发生的概率"，该课题教学重点为互斥事件的定义及互斥事件有一个发生的概率公式。任课教师通过参加竞赛的抽签问题、家庭电话在某次铃声响起被接听的概率问题，以及摸球模型的概率问题，创设数学情境，引出课题。虽然教师煞费苦心，并且问题的选取也较典型，但情境设置中把互斥事件的定义和互斥事件有一个发生的概率的数学情境夹杂在一起，层次不明、冗长重复，学生理解模糊。任课教师为了节约教学时间、加大教学容量，概率公式的直接给出使学生感到茫然，教学效果大打折扣。究其原因主要在于未就互斥事件及其有一个发生的概率分层次、简明地呈现数学情境，由此可见分层次并简明形象地呈现数学情境显得尤为必要。

4. 引发学生的困惑并有效导引思维

数学启发式教学是贯穿于数学教学全过程中的指导思想。要使学生产生学习的需要，处于思维激活、情感亢奋的状态，数学情境的设置就不应仅成为敲门砖，之后，即游离于学习内容之外，而应与学习内容前后呼应，以此解决由数学情境生成的问题，并使其成为学生认知的基础、思维的动力和路标，成为推动思维的持续性要素。数学情境不仅用在课题的导入上，而且始终导引着思维。富有启发性的数学情境应是内涵丰富、值得继续思考、富有教育意义，具有不断生成问题的情境，力求由数学情境引发的问题成为学生进行纵深、持续性探究的平台和突破口，使学生进入疑难和困惑的"愤悱"状态，并在教师的启发下使学生有所领悟。正如有的学者指出的，"悟"的边缘状态即"愤""悱"，一个学习者将隐含的经验类知识转化为外显的编码化知识就是悟。

（二）数学启发式教学的结构性条件

1. 注重数学知识结构的合理组织

数学知识的结构性体现为有实质性联系的知识组成的结构网络，这些知识组织得是否合理直接影响结构化数学知识的效用，因此注重数学知识结构的合理组织是体现数学启发式教学的结构性条件。

已有研究表明，专家思维和解决问题的能力之所以高，并不是由于他们有一套一般的"思维技巧"或思维策略，而是因为他们有一整套组织得很好的知识，这些知识支持他们进行计划和有谋略地思维。由此可见，专家获得的是大所有组织的内容知识，这些知识的组织方式反映出专家对学科的理解深度，其推理和解决问题的能力取决于组织良好的知识。其中知识的良好组织主要指知识是以有意义的联系方式而形成的"条件化"知识，即知识之间有实质性联系、与运用情境相关联，并内化到已有的认知结构中，在运用时能够较顺畅地提取。而不是在需要时难以激活的"惰性"知识，这里的惰性知识是指人们获得某种知识并储存于头脑中后，这些知识处于一种不活动的状态，在需要时不能被提取出来加以运用，尽管它可以潜在地起作用。良好首先意味着合理，对专家知识的研究启示我们注重知识的合理组织对思维和解决问题的能力具有重要的作用。

有关专家知识的研究还表明，专家的知识是围绕着核心概念或"大观点"组织起来的结构性的知识。因此，知识的良好组织在数学中即体现为数学知识结构的良好组织。学习结构也就是学习事物是怎样相互关联的。

然而学生的初始观念就像一簇纱线一样，有些彼此间毫无连接，有的松散地编织在一起。教学的行为可以被看作是帮助学生理顺个体凌乱的观念，为其分类，把它们编织成更为完整的理解物品。从这一角度看，斯托利亚尔把数学教学称为数学活动的某种结构的思维活动是有一定道理的。

数学知识的增长可以看作是构造信息的内部表示，进而把这些内部表示联络成组织好的网络的过程，数学启发式教学中更需要数学知识结构的合理组织，以形成经纬交织的数学知识结构网络。这里数学知识结构的合理组织主要指以数学基本概念和基本原理、数学思想方法等核心知识为主干，知识之间具有自然的、内在的逻辑联系，具有众多生长点和开放面，以生成动态的知识结构网络，并易于激活和迁移的知识结构。

良好的数学认知结构的形成依赖于组织合理的数学知识结构的获取和保

持。因此，注重数学知识的合理组织，有利于学生建构良好的知识结构网络，从而完善学生的数学认知结构，为提高数学启发式教学的有效性奠定良好的基础。

2. 对数学教学内容的组织及教学的相应要求

诚然，要使学生形成良好的认知结构网络，无论是教材的编写还是教学内容的组织都应突出数学的基础知识及知识之间的内在联系和规律性，以使学习内容组织成便于储存和提取的、能够广泛迁移的系统构架。虽然杜威反对不管什么教材都要教的做法，但他还是认为，某些教材必须进行经常的、系统的阐述。学生必须进行连贯的富有意义的学习和成长。当前部分数学课堂教学中，教师关注并倾囊相授一些表面性的事实知识或孤立的、缺乏内在联系的知识点，学生竭诚而接，确实学到了不少知识。但知识之间如何联系，如何进行有意义的知识组织，在何种条件下运用被忽略了，学生获得的是孤立零散、不易激活、缺少迁移性的惰性知识，降低了课堂教学的收益率。因为那些支离破碎的经验如果不在弄清它们之间相互联系的基础上组织起来，它们在教学方面就要起到消极作用。

Lawson 等人考察了学生知识组织的质量与解题作业之间的关系，通过一组几何题同年级的高能力组与低能力组被试做测试。研究结果表明，高能力组更能自发激活知识链，很快地提取知识，提取知识的容量大，能更有效地解决问题。由此可见，知识组织的质量影响解决问题的有效性。

在数学新授课的教学中，为了能使学生构建组织合理的数学知识结构，数学教学内容的组织可从完善已有知识结构网络的角度进行设计，使学生感到应该有却没有，从而形成知识缺口或空位，以引发学生的思维活动。在教师的启发下，使新学习的知识与学生头脑中已有的知识和观念建立逻辑的、实质性的联系。学生通过积极思考认识到已有的知识结构网络中出现了空位，从而产生填补空位的内在需要，形成有意义的学习心向。教师通过不断呈现知识缺口并引导学生填补缺口，从无到有地启发学生建构和表征数学知识，以形成组织合理的知识结构，不断完善其数学认知结构。

在数学复习课教学中，启发学生建构知识结构网络图，不仅揭示单元或一章内容之间的显性关系，更要挖掘它们之间的隐性关系，以形成纵横交织、具有良好生长点和开放面的知识结构网络。如高中立体几何初步线线、线面、面面位置关系中，化归思想体现得非常突出。诸如空间问题化归为平面问题、面面问题化归为线面问题、线面问题化归为线线问题。但在教材编写和教学中，容易忽视线线问题向线面问题、线面问题向面面问题的化归，以及平行关系和垂直关系之间的化归，即忽视低维向高维空间的化归及不同位置关系之间的互化。因而学生难以形成基本位置关系的纵横交织、综合贯通的网络构架，影响了原有数学认知结构的改造和扩充。同时《标准》中对运用图形语言、符号语言的关注贯穿始终，注重使学生学会将自然语言转化为图形语言和符号语言，并准确使用数学语言表述几何对象的位置关系。有关研究表明，专家推理和解决问题的能力取决于组织良好的知识。教学中突出线面位置关系中蕴含的化归思想并启发学生用符号语言加以概括，有利于学生建构组织良好的知识结构网络，从而完善学生的数学认知结构，为实现有意义学习奠定良好的基础。

（三）数学启发式教学的过程性条件

要体现数学启发式教学的过程性特征，在恰当把握数学过程教学的实质，注重数学过程教学的同时，也要避免走入数学过程教学的误区。

1. 注重数学过程教学，恰当把握数学过程教学的实质

在数学教学和学习中，重结果更要注重过程已是数学教育领域的基本共识。认为数学教学是数学活动的教学，数学教学过程是数学活动的过程成为目前国际数学教育界比较一致的看法。正是在这种数学活动论的理念下，出现了诸如"在做数学中学数学""教会学生实现数学化过程"等以学生自主参与活动为特征的"过程教学"理论，中学数学课程标准在目标要求、教学建议和评价建议中把过程与方法作为三维目标之一，让学生经历数学知识的形成与应用过程，重视对学生数学学习过程的评价，由此可看出对过程教学的重视。

"数学过程教学"摒弃仅以获取静态的"结果知识"为目标的教学导向，

在数学教学过程中教师不是直接告诉学生已有的结论或解决问题的程序，学生进行记忆或模仿。而是启发引导学生参与必要的知识发生、发展过程，经历探索活动的过程，体验过程对自己的思维启迪，感悟数学活动中的思维过程和思维方法，从而获得鲜活的动态"过程知识"，并以此为基础理解作为结果的知识。其中过程教学中的"过程"既指数学知识形成的过程，又指学生积极主动参与数学活动的过程，更包括学生的思维活动过程。因为确保完善的思维过程，确保大脑内部激烈的思想活动，才能使结果鲜活、丰满和健全。

这里的过程是结果的动态延伸，如数学概念的形成过程、数学知识结构的拓展过程、数学问题的发现过程、结论的获得过程、解题思路的探索过程和方法的思考过程。这个过程一般从"无"开始逐渐过渡到"有"，充分利用学生已有的知识和经验作为生长点去生成新知识，使学生感到所学的新知识以既不是帽子底下突然钻出来的兔子，也不是救星从天而降抛撒出的结果，而是学生已有知识和经验的自然生长。从而使教学内容在师生的思想中自然而然地流淌，数学本质在师生活动的过程中自然而然地揭示。因此，教师在教学中要适时引导学生去揭示或感知某些知识的起源，经历必要的知识发生、发展的建构过程，领会数学知识发生、发展过程中反映出来的思想，以及形成问题、寻找方法的过程，逐步缩短初始状态与目标状态之间的距离，从而揭示数学知识的本质与联系。但这里的过程教学不一定是指知识产生的实际过程，即数学史意义上的数学活动过程。教学上需要揭示的主要是方法论意义上的或逻辑上的数学活动过程，使之符合学生的数学认知结构。

在数学活动教学中，除获得结果知识外，更要注重过程知识的获取。过程知识是伴随着数学活动过程获得的体验或感悟，是相对于数学活动中的结果知识而言的。由于过程知识没有明确地呈现在学习材料中，是伴随着知识发生、发展过程的经历而潜移默化的结果，因而是一种缄默的、动态的知识，是镶嵌于数学活动之中的个体知识。在数学启发式教学中，通过教师的启迪，学生的思维活动得以发生和发展，并在外部的操作活动和内部的思维活动过程中获得体验性知识、策略性知识和元认知知识，这是可持续发展的育人大目标下学生终身受益的知识。

2. 避免数学"过程教学"的两种倾向

（1）重外部的表层操作活动过程，轻内部的深层思维活动过程

在教学过程中，操作过程被部分教师理解为外在的、可见的动手操作，如人为延长学生画图像、图形、图表的时间和过程，通过测量具有度量关系的量或从图上直观感知得到某个数学结论通过折叠图片等突出学生的外部操作活动，而这些活动仅停留于实际操作的表层，至于对深层次的为什么要如此操作、操作过程中体现哪些思维方法，缺乏应有的思考和重视。因而使学生勤于活动，疏于思考，未能感受过程对自己的思维启迪，不易实现外在的、实物的活动到内在的心理活动的内化，特别是思维中的必要重构，影响了对数学本质的理解。由此出现了重外部、表层、形式的操作过程而轻内部的深层次的思维过程的误区。

（2）重合作学习的形式，轻独立思考的过程

中学数学课程标准中提倡合作交流的学习方式，但对如何开展合作交流缺乏必要的指导和要求，因此部分教师认为多组织合作学习可避免直接把结果呈现给学生，以体现过程教学，从而出现了重合作学习形式，轻独立思考过程的误区。数学是以理性思维见长的科学，有效的数学学习始终离不开数学思维的深层参与，而思维活动是在个体自身的头脑内部进行的，别人是无法取代或替代的，因此与其他学科相比，独立思考在数学学习中至关重要。教师不可在学生没有独立思考、没有思维体验之前就和盘托出自己的想法。只有通过学生独立思考的数学内容才更有利于在认知结构中内化和提取。同时未经自身思维构造的合作交流缺少深沉思考的氛围，一些独到的思考传播范围小，而一些错误的想法教师听不到，容易造成教学假象。有时问题虽然解决了，但个体没有独立完成必要的解决问题全过程的思考，没有达到一定强度的心智锻炼。

要使合作学习真正富有成效，首先，要处理好独立思考和合作学习的时间分配问题，恰当把握分合交替的过程。教师需根据问题的难易程度，给学生留出必要的时间进行独立思考，因为信息整合这一复杂的认知活动是需要时间的。其次，这里的合作既指学生之间的合作，还包括师生之间的合作。

同时合作学习应建立在学生独立思考的基础之上，为独立思考创设一个良好的外部环境，最终目的是更有利于发展学生的独立思考能力。再次，并不是任何学习材料都可以进行合作学习的，既需分工又要协作的学习内容才可考虑以合作学习的形式展开。因此，要处理好合作学习中师生互动与规范，分工协作与共享的关系，避免动不动就合作学习，追求表面形式的热闹气氛，使合作学习成为学生过早两极分化的分水岭。最后，落实过程教学不能单从形式上判断是否有合作学习过程，是否有学生的动手操作过程。有效的数学教学不是让学生的活跃停留在表面层次上，有时课堂上虽然是安静的，但学生的思维机器却在高速运转，教师对学生思维的启迪是润物细无声的。

（四）数学启发式教学的情感性条件

数学学习既是认知过程，也是情感的体验过程。数学启发式教学的有效实施，除了具备认知性条件外，情感性条件也必不可少。

1. 内在动机和情感

苏雷姆林斯基指出：如果学生没有学习的愿望，那么我们所有的计划、所有的探索和理论就会变成泡影。所以教师应当启发学生的这种愿望，这就是说，教师应当使学生形成相应的动机。

动机是引发、指引和维持行为的内部状态。学习动机是引起学生学习活动的动力机制，对学习活动具有重要的推动作用，直接制约着学生学习的主动性和积极性。心理学研究表明，根据行为的原因控制点是内在的还是外在的，是存在于个体内部还是存在于个体外部，动机分为内部动机和外部动机。由外部因素如奖励或惩罚等引起的动机属于外部动机，而由内部因素如认识兴趣、需要和好奇引起的动机属于内部动机。外部动机的刺激、引导的效果是极其有限的，且保持的时间较短。因此，真正的学习应当是内在的，通过好奇心的驱使对探究未知表现出兴趣，最好的动机莫过于学生对所学材料本身具有兴趣，内部动机要尽可能建立在学生对学习材料的积极主动的认识兴趣上。当然在有些情况下诱因和外部因素的支持是非常必要的，教师必须鼓励并培养内部动机，同时确保外部动机为学习提供支持。

杜威指责当时学校把教育历程错误地理解为教师告诉和学生被告诉的事体，不激发儿童自动求知的本性，却驱使儿童被迫记忆代表事物的符号，更以外部力量取代儿童潜在的动力。这种不调动儿童内在动力而填鸭般地灌输知识，无异于强迫没有眼目的盲人去观看万物，无异于将不思饮水的马匹牵到河边强迫它饮水。由此可见他对内在动力作用的关注，而内在动力产生的机制之一即内在动机。

在数学启发式教学中，要使学生的思维活动主动积极，以实现思维的深层参与，并尽可能进入"欲知而未知、欲言而未能"的状态，本身即要求学生对数学学习材料有足够的认识兴趣、内在需要和好奇。若没有这种内在动机的作用，学生在教学过程中处于"旁观者"或"局外人"的角色，其思维会疲于应付教师提出的问题，或迎合教师的心理而浮于表层，以致缺乏必要的思维力度，使输入学生头脑中的信息得不到相应的能量耗散，容易出现假性思维或思维滑过现象，影响了数学启发式教学的有效实施。

在此值得一提的是波利亚把"最佳动机"既作为学习原则，又作为教学原则，指出最佳动机就是学生在他的工作中的兴趣。所学材料的兴趣乃是学习最佳的刺激，强烈的心智活动所带来的愉快乃是这种活动的最好报偿。为了有效地学习，学生应对所学材料有兴趣并在学习活动中找到乐趣。教师作为知识的推销员，他的责任就是使学生相信数学是有趣的，使他们感到刚刚讨论的问题是有趣的。

在数学启发式教学中，为有利于达成教学目标，需要教师启发诱导、设置诱因以引起学生的学习动机，从而使潜在的需要和动机转化为现实的动机。基于此，教学内容的选择、教学方法的运用和教学进度的调控等，需考虑如何引发学生的兴趣并产生认知冲突，形成"矛盾""疑难""困惑"及"问题"，它们是引发学生内在学习动机的最佳诱因，以此激发和维持学生内部心理的不平衡，形成内在的学习需要，从而加速数学启发式教学的进程。需要注意的是，在引发学生数学学习兴趣时，也要尽量避免有趣味但不是学习的核心内容对学生注意力和学习精力的分散。

然而需要、兴趣等内在动机不是自动发生的，当学生接收某些诱因如兴趣、需要等的信息时，同时要借助思维和情感对信息进行加工。认知心理学研究中把情感看作是引发认知加工过程的促动力量，教学过程是认知与情感辩证统一的过程。因而教学应当着眼于引导学生以最好的情感和态度，运用最好的方法去掌握知识和发展能力。这时而昂的情绪、情感会把能力回流给认知活动，会在认知发生困难或停滞的时候，激发出智慧的火花。若无学习者的情感和意志过程，则认知就会软弱无力，思维就会枯萎凋谢。菲利克斯·克莱因指出数学教育的最大缺陷之一正是缺乏情感的投入，从而使数学在多数人心目中成为枯燥乏味的学科。

在数学启发式教学中，"愤悱"即指学生处于思维激活、情感亢奋的非平衡状态，因而对数学学习的积极情感乃是数学启发式教学的内在要求。这里的情感更主要指对数学的内在体验而产生的情感，如对数学美感的体悟，对数学的精神、数学思想的体验，对数学知识内在结构的认识，对数学命题、数学方法的美学价值的体味。学生通过外观美简单美、统一美、匀称美和奇异美等和内在美思维启迪的价值、培养智慧的价值及数学精神和思想的深邃美等的体验，培养良好的内在动机和情感。正如数学家彭加莱所说，数学的美感、数和形的和谐感、几何的表达力，这是真正的情感、一切真正的数学家所熟悉的情感。

总之，实施数学启发式教学要求学生具有良好的内在动机和情感，而良好的动机和情感促进学生的数学认知加工过程，影响着认知活动的核心成分——数学思维的积极主动性，内在动机和情感是数学启发式教学的情感性条件。此外，数学启发式教学还需要形成基于对话教学理念的师生关系，以使学生产生积极的情感体验。

2. 基于对话教学理念的师生关系

教师和学生是数学启发式教学系统中的关键要素，直接影响和制约着数学启发式教学的实施。在灌输式教学中，教师是课堂教学活动的中心，是知识的拥有者、传授者和权威，教决定着学，学生则处于被动接受和服从地位。教师和学生在传接、授受着一种在他们之外的、被称为教学内容的知识，学生对所学的知识难以内化而实现其心理意义，没有转变成个体知识，这实际上已使教学演化为"传话教学"，在这样的师生关系中形成的是一种消极体验，学生有一种被控制感和无助感。长此下去，学生就彻底丧失了自我体验、自我加工信息和建构新信息的能力，其思维活动的主动性和积极性也就无从谈起。学生和教师之间难以形成民主、平等、理解和宽容的教学氛围，这是数学启发式教学所极力摒弃的。

与灌输式教学所形成的"传话教学"相对照，数学启发式教学需要形成基于"对话教学"理念的师生关系。此处所指的对话不仅可以发生在人与人之间，还可以发生在人与文本之间，这种对话并不以口头语言的交流为特征。

教学与对话是紧密联系的。克林伯格认为，在所有的教学中，都进行着最广义的对话，不管哪一种教学方式占支配地位，相互作用的对话都是优秀教学的一种本质性标识。发生在教学过程中的对话，主要有教师与学生、学生与学生、学生与课程文本和学生心灵的自我对话等。这里的对话已超越了原始的语言学意义，不限于师生双方纯粹的言语交谈或语言上简单的你来我往，而是属于内心深处的具体体验，是师生双方各自向对方的精神敞开和彼此接纳的互动交流，是一种真正意义上的精神平等与沟通，以实现智慧共享、促进理解和意义生成。在这样的对话教学中，教师与学生不再是教训与被教训、灌输与被灌输、征服与被征服的关系，而是平等的、对话式的和充满爱心的双向交流关系。由于学生的身心得到彻底解放，其学习就不再是被动地接受，而是对话式地主动参与，形成积极的情感体验。当然这里的师生平等强调的是人格平等，并不是一切平等。因为教师的人生阅历、知识储备和认知结构等决定了师生对话交流和互动中的主动和引导地位。

在对话的交互关系中，教师不再作为知识的占有者和给予者，而是通过对话启迪学生的思维和精神，并且在对话中学生建构知识和获得智慧。我国的孔子和古希腊的苏格拉底进行的就是这样的对话教学。在孔子的启发式教学中，一般是学生提出问题，孔子回答学生的发问，《论语》中记录孔子师生间相互问难的篇章，其中孔子提问学生的较少。从中可看出，孔子与学生的对话已经不是形式意义的，而是通过启发性的对话以求新知。"不愤不启，不悱不发"实际上即孔子与学生进行认知和情感上的对话和交流。《学记》中"道而弗牵则和，强而弗抑则易，开而弗达则思。和易以思，可谓善喻矣"，实质上渗透着师生关系融洽的一种对话精神。

苏格拉底启发的方法主要是对话，他不直接把结论教给对话者，对话者也没有直接获得正确的结论，像是在与苏格拉底的语言交锋和困惑中逐步生发出结论。由于他主要以问答的方式与学生进行对话，以至于后人容易误将启发式和问答法画上等号。在当前班级授课制的教学组织形式下，不应仅注重对话的外在形式，更要注重对话的精神和实质。对话不限于师生双方言语上的交流，更是思想和精神上的深层次沟通和平等交流，以使学生产生积极的情感体验，引发其主动地进行思维，从而提高数学启发式教学的有效性。

由此可知，把基于对话理念的师生关系作为数学启发式教学发生的环境是有其历史渊源的，需在继承孔子和苏格拉底教学对话技术中合理成分的基础上，加以丰富和发展。对话教学不应仅停留在技术层面，需要把对话教学作为一种理念或精神，贯穿在数学启发式教学中。教师作为教学向导的主角，把握和调节教学对话的主题，他扮演的是一个有疑问的人，不明白的人，引导学生探索和寻求证据的人。因而主张教师和学生具有对话心态，不仅使学生的数学知识和认识力得以生长，更重要的是获得对话理性，并在启发式、探索式的对话中获得主体性发展。同时，对话本身具有一种自我生长的内在机制，引发和指向更深邃、更新颖和更富有启发性的对话。

言语交流和问答虽然是对话教学的基本形式，但教学中并非所有的言语交流和问答行为都是真正的对话，有时它们很可能具有对话的形式，而未能达成师生双方精神和思想上的深层次沟通和交流。正如问答法是启发式教学的基本形式，但不能作为评价启发式教学的标准。不同教师的课堂教学行为中存在着一些普遍通用的教学模式，弗朗德斯提出了一个"三分之二"定律，认为每堂课有三分之二的内容是师生对话，而在这些对话中教师又占据了三分之二的说话时间。课堂交流看上去似乎具有偶然性，但在很多方面却是高度规范化和仪式化。在此更需要教师认识到对话不仅局限于言语交流或问答，而应注重师生真正的思维碰撞和情感交流。因为缺乏深层思维和情感交流的课堂，有时表面看起来有问有答很热闹，却是一个失控的教学系统，学生的大脑没有对已有信息进行足够的能量消耗。只有师生全身心投入，形成师生合力的课堂才能真正进入有序状态，才能富有生机和活力。

四、数学启发式教学的策略

数学启发式教学作为数学教学的基本指导思想，其有效性的发挥除满足使它良好运行的条件系统外，还需要进一步从观念层面探讨数学启发式教学的策略。

（一）以"愤悱术"和"产婆术"作为数学启发式教学的基本策略

植根于东西方古代文明的启发式教学，其博大精深的教学思想至今仍彰显出旺盛的生命力，与苏格拉底"产婆术"教学相对照，不妨把孔子"不愤不启，不悱不发"的启发式教学思想称为"愤悱术"。无论是"愤悱术"还是"产婆术"都强调通过教师的启发来引导学生主动积极地学习。"愤排术"中的愤悱和"产婆术"中自相矛盾的窘境，实质上都强调要使学生经历必要的困惑阶段，并在此过程中获得疑难或困惑的体验，产生力求认知的学习心向，从而领悟问题的实质。这正是数学启发式教学所追寻的基本思想，使得"愤悱术"和"产婆术"成为数学启发式教学的基本策略。

孔子的"愤悱术"注重把握启发的时机，即只有当学生处于"欲知还未知，欲言还未能"的困惑状态时，教师不失时机地加以点拨和引导，才能使学生的思路茅塞顿开，有所领悟，从而产生水到渠成的启发效果。由此反映出"愤悱术"实质上更强调学生的独立思考和教师的适时诱导。这对独立思考甚为重要的数学学科教学中，教师适当简化自己的思路，留给学生必要的独立思考时间和空间，通过启发使学生进入愤悱状态，并恰当适时地点拨具有重要的指导作用。

苏格拉底把教师的作用比喻为接生婆，学生获得真理的过程就像接生婆帮助产妇以其自力分娩婴儿那样，要靠自身的力量孕育真理，生产真理。他的"产婆术"注重问答式的启发。一般是苏格拉底提出问题，并佯装自己一

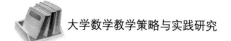

无所知，然后通过问答与人谈话，常常使人处于一种互相矛盾的窘境，以此引导学生积极主动地探索，从而得出正确结论。

由于苏格拉底并没有著作留下，他的言论基本上都出现在其学生柏拉图的《对话集》中。在柏拉图写的大多数对话中，苏格拉底谈的都是伦理方面的问题，数学方面的例子屈指可数，但在柏拉图对话集的《枚农篇》中有一个也是仅有的一个数学例子。通过苏格拉底与小厮的谈话，体现了苏格拉底"产婆术"教学的特点。其内容的大意是在边长为尺的正方形基础上，启发小斯如何得到面积是这个正方形二倍的另外一个正方形。小厮经历了自以为知道一两次陷入自相矛盾的窘境—知道其不知—产生困惑—知其所知的过程。苏格拉底的"产婆术"主要有以下步骤。

1. 提出一个有意义的问题作为对话的主题

这个问题应当是用要的，是有深度的而不是肤浅的、无聊的。苏格拉底选择的问题都是意义重大的，在伦理方面是这样，如关于美德和正义等问题。在数学方面也是如此，这次与小厮讨论的问题是如何作一个面积为已知正方形 2 倍的正方形，如果运用勾股定理，可以知道所求正方形的边长是已知正方形边长的 $\sqrt{2}$ 倍。而 $\sqrt{2}$ 正是毕达哥拉斯学派所发现的无理数，发现无理数或无公度的线段导致数学史上著名的第一次数学危机，这是那个时代很有深度的研究课题。另外，如果将问题从平面推广到空间，那么相应的问题就是立方倍积，也是著名的几何作图三大难题之一。

苏格拉底的"产婆术"利用学生已有的知识和经验做简单、自然的过渡，目标明确地进入主题，将一个有意义的数学问题提出来讨论。他没有故弄玄虚地先搞一大段"情境设计"，更没有牵强附会地"联系实际"。这表明他是真正懂得数学的，真正能引导数学讨论的。

2. 用一系列的反诘，使学生陷入矛盾的窘境

这一步是关键的一步，也是苏格拉底"产婆术"的主要特征。因为"偏见比无知离真理更远"，如果学生不虚心，自以为是，坚持成见，那么他就不可能主动获得任何新鲜的知识和深刻的思想。所以，必须首先清除学生头脑中的那的陋见、偏见及似是而非的东西。另外，苏格拉底提问时运用诘问的

方式比较多，如本例中使用"不是……吗？"

困惑对于学生是极为有用的，它能引发学生积极的思维活动。同时承认自己的无知，才能力求认知。这种"不知为不知"的状态也就是孔夫子所说的"愤"和"悱"。我们常常看到一些公开课上，教师的问题刚一说出，学生不需深入思考便能很快回答，完全没有困惑的阶段。这不是启发式，至少不是苏格拉底的启发式。

在学生困惑的基础上，经过启发或暗示，找到问题的答案，这答案应当是学生在受启发下领悟出来的，而不是苏格拉底直接告诉的。学生经历了由自以为知到知其不知，再到知其所知的过程，如本例中逐步构造出满足条件的正方形。在这一过程中，学生是积极主动的探索者。

苏格拉底的启发简洁明了，紧扣主题。虽然从原来的问题中，可以产生出许多新问题，例如，存在性问题所要作的正方形是否存在，计算问题所作正方形的边长是多少，有无公度问题及所作正方形的边长是否是无理数。但苏格拉底抓住作正方形这个主要问题，决不节外生枝。如果面对许多学生，当然更不应超越多数学生的潜在发展水平而使问题随意枝蔓。针对一般学生首先解决主要问题，同时可将有关问题留给学有余力的学生做进一步思考和研究。

无论是孔子的"愤悱术"还是苏格拉底的"产婆术"都强调要使学生产生疑难和困惑，并在此基础上形成力求认知的心向，从而主动积极地思考。孔子的"愤悱术"启发与苏格拉底的"产婆术"启发相比，其高明之处在于只重视"愤""悱"的学习心理状态的实质，并不限方式。不像苏格拉底仅局限于问答的方式。因此在当前数学启发式教学中，以"愤悱术"和"产婆术"作为数学启发式教学的基本策略，重在追求其"神"而非其"形"，需在把握二者精神实质的前提下，开放启发的形式，从而提高数学启发式教学的有效性。

（二）以学生已有数学认知结构作为数学启发式教学的切入点

布鲁纳和奥苏贝尔都重视学习者原有认知结构的作用，重视学习材料本身的内在联系。布鲁纳强调对学科基本结构的理解，即对学科的基本概念、基本原理及其内部规律的理解。奥苏贝尔强调要实现有意义学习，学习材料必须具有逻辑意义，学习者认知结构中必须具有同化新知识的原有适当观念。由此可看出学生认知结构中原有观念的适合性是影响有意义学习的决定因素。奥苏贝尔进一步指出，假如我把全部教育心理学仅仅归结为一条原理的话，那么我将一言以蔽之曰：影响学习的唯一最重要的因素，就是学习者已经知道了什么。要探明这一点，并据此进行教学。充分表明了认知结构在教学过程中的重要作用，以及教师在把握学生已有知识和经验基础上进行教学的必要性。

人们是基于已有的知识去建构和理解新知识的。教师只有把学习者带到学习任务中的已有知识和观念作为新教学的起点，并给学生多一点学习和建构的机会，才能促进学生的学习。事实上，新知识的学习必须以学习者已有的认知结构为基础，学习新知识的过程就是学习者积极主动地从自己已有的认知结构中，提取与新知识最有联系的旧知识，并且加以"固定"或"归属"的动态过程。

数学学习主要是有意义学习，既包括有意义接受学习，也包括有意义发现学习。在数学启发式教学中，要真正实现数学有意义学习，就要使借助数学语言文字语言、符号语言、图形和图表语言等所代表的新知识与学习者数学认知结构中已有的适当知识建立非人为的和实质性的联系，即自然的、内在的逻辑联系而不是人为强加的字面的联系。这时教师应在新旧知识的衔接处进行引导和启发，要做好这一自然衔接，就需要把握学生已有的数学认知结构中有哪些与新学习内容有联系的知识和观念，才有可能引发学生有意义学习的心向，形成主动积极的思维活动，因此学生已有的数学认知结构是启发式数学教学的切入点。

数学认知结构主要指学生头脑中的数学知识结构。从认知的角度来讲，数学学习是学生的数学认知结构不断扩充和完善的过程。其中可利用性、可辨别性和稳定性是影响有意义学习与保持的三个主要认知结构变量。可利用性主要指在认知结构中是否有适当的起固定作用的观念可以利用；可辨别性是指新的潜在的有意义的学习任务与同化它的原有的观念系统的可辨别程度；稳定性主要指原有的起固定作用的观念的稳定性和清晰性。为了有意义地学习新知识，了解学生已有的数学认知结构，可从以下三方面入手。

1. 已有的数学认知结构中是否有新知识的固着点

这里的适当知识和观念主要指学生数学认知结构中已有的与新知识有自然、内在联系的数学概念、原理或思想方法等。如果认知结构中有适当的知识和观念，就要激活这些知识，并以此作为新知识的固着点进行启发；如果认知结构中有适当的知识和观念，但学生保持得不稳定或有所遗忘，则要及时复习以唤起学生的再认知；如果认知结构中缺乏适当的知识和观念，则需呈现作为先行组织者的引导性材料。

2. 数学认知结构中起固定作用的知识和观念是否清晰和稳定

认知结构中已有知识和观念的清晰度决定新旧知识发生联系的速度和准确性。如果已有认知结构中有学习新知识可利用的适当的知识和观念，但学生保持得不稳定或有所遗忘，则要启发引导学生及时回顾以唤起再认知。

对于"函数奇偶性"的课题，学生认知结构中与新学习内容有关的知识和观念主要有函数概念定义域、值域、对应法则轴对称图形和中心对称图形任意等已有的逻辑经验函数的图像数学证明的方法；利用定义证明函数的奇偶性等。其中轴对称和中心对称是新学习内容的关键生长点。教学设计时根据学生的实际水平，若需要证明偶函数关于轴对称，关于轴对称的函数为偶函数，则关于轴对称的认识就不能停留在操作表征或视觉表征的层面，即沿着一条直线把图形对折；若对应部分能够完全重合，则该图形称为轴对称图形。而应上升到几何表征层面，即轴对称图形上任意两对应点所连的线段被对称轴垂直平分，以此为基础对函数奇偶性进行代数表征。若学生对轴对称图形的几何表征有所遗忘时，则需借助其视觉表征启发学生重新获得几何语言表为用代数符号表征和证明偶函数与关于轴对称函数的等价性奠定基础。当然如果不要求学生证明二者的等价性，则学生对轴对称的认识只需在视觉表征的层面激活即可。

3. 新学习内容与数学认知结构中同化它的原有观念的可辨别程度

当新学习的知识与学生认知结构中原有的知识或观念相似而不完全相同

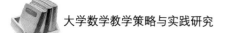

时，原有的知识先入为主，新知识常常被理解为原有的知识或被原有的知识所取代。此时需通过正例或反例等形成认知冲突，启发学生辨析二者的异同，以突出新学习材料的本质。

总之，数学学习过程是已有的数学认知结构与新学习的数学知识相互作用，使原有认知结构不断扩充或改组，并实现从旧的平衡向新的平衡转化的动态过程。教师的主要作用是在学生与教学内容之间搭一座桥，并时刻关注桥的两端。在充分把握学生已有认知结构的基础上进行启发，以促进其现实水平向潜在水平发展，从而使学生的认知结构在稳定渐进的过渡中，实现知识、能力扩展的质变进程。

（三）以学生的最近发展区作为数学启发式教学的教学定向

在对"后发"含义的动态界定中，"发"指在教师引导下学生思维活动的发生、发展，以及知识、能力的生长，以逐步使学生学会自我启发。这里的"发"内在规定了教师的"启"要有利于促进学生的发展。数学启发式教学重在使学生产生认知冲突，形成疑难、困惑和心理上的不平衡，从而主动积极地进行思维。其以提高学生学习的主动性和迁移能力为宗旨，以使学生学会通过数学的思维实现对事物的认识力为目标。由此可见，数学启发式教学更注重学生终身学习潜能的可持续发展，注重数学教学的育人大目标。

在启发式教学中，学生的发展不是放任自流的或无限度的，离不开作为教学向导的教师的引导。需要教师在充分考虑学生现有发展水平的基础上，通过启发引导以实现学生最大限度的发展，这是启发式教学的目标和定向。如果说把学生的原有认知结构作为数学启发式教学的切入点是要寻找与新知识最近的"固着点"，则实现学生最大限度的发展作为数学启发式教学的定向是要关注新知识的"增长点"。在学生现有发展水平上实现其最大限度的发展，事实上即是使学生在最近发展区内得到有效的发展，这与维果茨基提出的最近发展区理论有一脉相承的关系。

最近发展区是由苏联心理学家列夫·维果茨基提出的反映教学与发展内部联系的重要概念。最近发展区有时译为"潜在发展区"，是指儿童不能独立解决问题，但能在成人的引导或者和一个更有能力的同伴协作下成功解决问题的区域。实际上即儿童独立解决问题的现有发展水平与在成人指导下或在有能力的同伴合作中解决问题所达到的潜在发展水平之间的距离。这里的现有发展水平是指学生已经达到的实际发展水平，表现为学生能够独立解决问题的智力水平。潜在发展水平是指学生可能达到的发展水平，即在教师的指导下，或在集体活动中通过与同龄人的协作才能达到的水平。

最近发展区理论强调了教学在学生发展中的决定性作用，揭示了教学的本质特征不在于"训练""强化"已形成的内部心理机能，而在于激发、形成目前还不存在的心理机能。从这一角度看，数学启发式教学就是教师创设合适的教学情境，通过搭建"脚手架"来促进学生从现有发展水平向潜在发展水平转化的过程，从而引发最近发展区的形成。在这一过程中，重要的不是着眼于学生现在已经完成的发展过程，而是关注学生正处于形成状态或正在发展的过程。因此，数学教学中对学生进行启发时，首先要确定学生的现有发展水平和潜在发展水平，教师需考虑学生已经知道和掌握了什么、能够知道和掌握什么、需要知道和掌握什么，既要寻找与学习新知识最近的"固着点"，以此作为启发的切入点，更要关注已有知识的"增长点"，这样才能便于学生建立新旧知识之间的内在联系，使其思维向深层次发展。

1. 最近发展区的动态特点对数学启发式教学的要求

（1）最近发展区的动态特点对数学启发式教学的要求

最近发展区的动态性特点要求教师启发学生不断产生疑难和困惑，形成由现有发展水平向潜在发展水平转化的学习心向学生在教师或同伴协助下能完成比自己独立解决时更多的事情。最近发展区强调能力的上限水平，然而这一上限并非一成不变，而是随着学生独立解决问题能力的提高而不断变化，今天学生需要协助才能做到的，明天他便能独立完成了。具体到一堂课中教学过程的不同阶段，在上一阶段需要学生达到的潜在水平通过教学转化为新的现有水平后，在新的现有水平基础上，又出现新的潜在水平，并形成新的最近发展区。这种过程循环往复，体现出最近发展区的动态特点。

正如已有研究所指出的现有发展水平具有"继往"的心理发展特点，而最近发展区具有"开来"的心理发展特征。就学生的学习过程而言，由现有发展水平到潜在发展水平的每一次转化要得以实现，就要使学生形成力求认知的学习心向。而积极的学习心向的形成依赖于由认知冲突引起的疑难和困惑，由此引发学生的深层思维，从而体现认知或心理上的不平衡到平衡再到新的不平衡的动态发展过程。这时要求教师通过相应的"脚手架"启发学生不断产生疑难和困惑，造成心理上的非平衡态，以形成主动积极的学习心向，使启发式教学系统逐渐由无序进入有序状态。

根据最近发展区理论，教师用于启发学生思维的引导性材料要有一个度的把握问题。若引导性材料，只是对学生大脑皮层的简单唤醒或回忆，无法引起学生的深层思维，则难以产生持续思考的兴趣。若引导性材料过于高深，学生大脑皮层模糊一片，则不会出现特别明显的兴趣点，大脑与信息也就难以进行足够的能量交换和消耗。只有把材料创设在最近发展区内，设法激发学生内部心理的不平衡，才能引起大脑内激烈的思想活动，促进大脑与信息不断交换并进行能量耗散，以逐步形成有序的动态系统。启发式教学需充分发挥学生现有发展水平的积极作用，在学生的"最近发展区"内帮助学生解决认知矛盾，使学生既感到满负荷，又感到经过自己的努力问题可以解决，从而激发学生的学习需要，经过自己积极的思维活动探索并获得知识，促使学生的现有发展水平向潜在发展水平转化。

（2）最近发展区的个体性特点对数学启发式教学的要求

最近发展区的个体性特点要求教师进行提示或暗示的分层级启发。在有指导的情况下借助成人的帮助所达到的解决问题的水平与在独立活动中所达到的解决问题的水平之间的差异，决定着儿童的最近发展区。由于学生在知识和智力等方面的发展水平本身存在着个体差异，因此认识水平不同的学生，其最近发展区也是有差异的，从而体现出最近发展区的个体性特点。

在数学启发式教学中，既要重视学生的个体发展，又要考虑多数学生的潜在发展水平，使启发定向在大多数学生的最近发展区上。教学过程中，不应仅考虑个别优秀学生的潜在发展水平，并以此作为启发的参照来代替所有学生的活动和发展，而要尽可能使每个学生在自己的现实发展水平上获得应有的潜在发展，因此教师对学生进行启发所用的提示或暗示要具有层级性。根据教学内容与教学目标的接近度，对启发性提示语进行分类和分层，提炼具有层级的系列提示语，并按照与教学目标的接近度由远及近排列。在进行启发时，从学生的具体水平出发，灵活选择相应层级的提示语，对不同层次的学生进行启发引导，层级提示离目标的远近程度由能否引发学生的深层思维来确定。若某一层级的启发只能激活少数学生的思维，则再选择离目标稍近一点的提示语进行启发，依次下去逐步使多数学生能进行思维参与。在教师的启发和同伴的协作下，不同的学生在自身的最近发展区内能获得发展。借助提示或暗示的分层，不同学生能形成相应的联想和启发。

2. 从最近发展区看当前数学例题教学中的一种倾向

数学启发式教学要促进学生的发展，应以最近发展区作为教学的最佳水平。通过教师的启发，学生从现有发展水平向潜在发展水平跨越，因此数学教学内容的选择和实施要与学生的实际水平和潜在水平相适应。同时，对初始的学习内容只有理解到一定程度才能有利于迁移。但在研课活动中发现，当前的一些观摩课教学中，尤其是数学基本概念和性质的初始教学阶段，有脱离学生潜在水平一味加大例题教学难度的倾向，似乎唯有如此才能体现教师高超的教学水平，而这些例题复杂的运算和思考过程弱化了学生对基本概念及性质的理解。

（四）以教师引导下的探究活动作为数学启发式教学的基本方式

数学启发式教学重在通过教师的启迪，引发学生主动积极的思维活动。杜威指出，思维是积极的探索、搜寻、研究，以求发现新事物或获得已知的事物的新理解。由此可知，引发学生的思维活动就是要促成学生积极地探索、研究。而在《现代汉语词典》中"探究"意指"探索"和"研究"。因此，在数学启发式教学中，教师应启发和鼓励学生进行积极的探究性活动。此时教师的作用是启发学习，而不是窒息学习。教师应该鼓励学生进行探究，而不是鼓励他们充当确实可靠的真理的卫士，因而把自己看成是一贯正确的。

从师生所起作用的程度不同，可以将探究分为定向探究和自由探究。所

谓定向探究是指学生所进行的各种探究活动是在教师提供大量的指导和帮助下完成的。它既包括教师提供教学事例和程序，由学生自己寻找答案的探究，也包括教师给定要学的概念和原理，由学生自己发现它与具体事例的联系的探究。所谓自由探究是指学生开展探究学习时，极少得到教师的指点和帮助，而是自己独立完成。

在数学启发式教学中，教师作为教学向导的主角，其引导作用是通过启发来实现的。学生作为主动的探究者，在进行有效的探究活动时，也离不开教师的点拨开启、指点迷津和化解困惑。因此，这时的探究不是学生随意的自由探究，而主要是教师引导下的定向探究，以避免课堂探究活动的盲目性和低效性，并使学生逐步学会自我启发和自由探究，教师引导下的探究性活动是数学启发式教学的基本方式。此时学生在疑难、困惑的基础上进行探究，使数学思维活动从疑难的情境逐步走向确定的情境。这一过程包括引起思维的怀疑、踌躇、困惑或心智上的困难等状态寻找、搜索和探究的活动，求得解决疑难、处理困惑的路径。通过以知识为载体，展现数学探究方法与过程，把知识的探究转化为思维的力量。

教师引导下的探究性活动分为接受式探究和发现式探究，接受式探究主要是获得已知事物的新理解，发现式探究以求发现新事物。因此，教师引导下的探究性活动并不排斥教师讲授，特别是在概念同化的学习中，教师讲出概念的定义后，启发学生对概念中的关键术语进行理解如函数的单调性中，教师进行启发定义中要注意什么问题、哪些地方比较关键、有什么问题你是如何理解的等，这时学生的理解并非只是弄清教师的本意，而是必须依据自身已有的知识和经验去对教师所讲的做出解释和探究，从而使其成为对自身来说是有意义的，使概念的潜在意义内化为学习者个体的心理意义，获得对概念的新理解。

学习从疑难开始。在数学启发式教学中，教师如何设疑，使学生对引起困惑和心理不平衡的某些困难问题有切身体验，并心甘情愿地忍受疑难的困惑，不辞劳苦地进行探究才可能产生反省的思维。这一探究过程主要包括教学发动——创设富有启发性的情境、学习保持学生情感和智力的积极参与和正确导向，教师朝着每个学生获益的方向适时适度地引导。

（五）以必要的时间等待和反馈作为数学启发式教学的保证

心理学的有关研究表明，适当延长教师发问后、学生问答前的等待时间、候答时间，以及学生回答后到教师对回答做出反应之前的等待时间、候答时间有助于提高教学效果。学会把等候时间、教师提出问题以后的时间和学生做出回答之后的时间从半秒钟增加到一秒钟，特别是对于高水平的问题时，那么课堂将出现许多有意义的显著变化，例如，学生会给出更详细的答案，学生会自愿地给出更好的答案，拒绝或随意回答的情况就会较少地出现，学生在分析和综合的水平上的评论就会增加，他们会做出更多的以证据为基础和更有预见性的回答，学生会提出更多的问题，在学生的评论中会显示更大的自信，并且那些被教师认为反应相对迟缓的学生会提出更多的问题并做出更好的问答，学生的成就感明显增强。

当然等待的时间应适合问题的类型，适合提出这些问题所要达到的教学目标，应视问题的难易程度和学生的接受能力而定。若仅是让学生从记忆中提取信息，则快速和短时间等待较合适。若问题是引发学生深入思考，理解问题的实质，则需延长等待时间。在问与答之间要有充分的时间"空当"，学生需要有充分的时间来思考发问，对发问的正常反应就是谈话的中断，教师不能以神经质的发问来催促学生回答。问答是启发式教学的主要形式，因此要使数学启发式教学真正富有成效，在启发、设问的同时教师应留给学生一定的独立思考的时间和空间，做必要的时间等待。不仅要使学生再现已有的知识，更重要的是激发他们思考。教师要尊重学生的思维选择，避免过早说破，适当简化自己的思路。

如果为了追求所谓的高效，加快教学进程的节奏，学生还未来得及与认知结构中适当的知识建立自然的内在的联系，还未开启思维器官对问题进行深层次的思考，教师就给出预设的思路或答案，则学生在认知活动和元认知活动中都没有达到一定强度的心智锻炼，主体参与也就演化为虚假的被动配合。因此，要避免虚假的启发，只强调教师的设疑、激疑、释疑，不待学生思考和探索，致使启发流于形式。《学记》批评当时教师"多其讯言"及"数进"的缺点,就是说不等待学生自悟而抢先教给他,不顾学生是否领悟,只顾赶进度,这样的教法实质上违反了启发性原则。

反馈作为教学过程的重要环节,在数学启发式教学中必不可少,是引导学生进一步积极思维的催化剂。在教师的启发引导下,学生对数学问题的认识并不总是正确的,对数学问题的解决方法并不总是教师预设的标准思路。而学生回答中出现的错误和非标准思路,是宝贵的教学资源。因此,要善待学生的错误和非预期思路,使学生成为启发式教学过程中教学资源的重要构成者和生成者。

1. 充分挖掘学生错误的教育价值

在数学启发式教学中,学生通过教师的启迪所获得的对问题的理解难免会出现各种各样的错误,教师的指责或代为问答均是不明智的,易挫伤学生学数学、体验数学的积极性。给予矫正信息不能使学习者滋生对教师的依赖心理,重要的是引导学生的内部省察。

2. 善待学生的非标准思路

为了追求所谓的教学高效性,一些教师在教学设计时总是基于这样的一个假设,即教学要按照预设的轨道,系统、有序地进行。在教师的启发下,当学生中出现与教师预设的思路不一致,但此思路也正确时,不妨称其为非标准思路,缺乏教学思维的教师常感到无所适从,担心应对学生会导致教学的低效率,常常会绕过学生的问题,使教学重新回到预设的轨道上,从而窒息了学生发现、提出新思路的思想幼芽,使数学教学的真正魅力黯然失色。正如哲学家伊里英科夫这样写道:损坏思维的器官要比损坏人体的任何一个别的器官都要容易得多,而要医治好它却很困难。对学生非标准思路的限制无疑是损坏思维器官的催化剂。

真实的课堂教学过程是充满变数的,是具体的、动态生成的、不确定的,不可能完全按照预设的轨道行进。教学过程中学生生成的非标准思路是无法设计的,而此又常常是课堂教学的亮点所在。若一味地追求预设轨道的反射,则会使教学的真正魅力失色了许多。一些习惯了标准答案和"经典性解题方式"的教师可能对学生的"越轨思维"视而不见,却忘记了自己预设的所谓标准思路，不过是多维视野中的一孔之见。因此，要使教师领悟到课堂教学是在预设的基础上，以动态生成的方式推进教学活动的过程。不仅要把学生看作"对象""主体"，还要看作是教学资源的生成者，学生生成的非标准思路更是一笔重要的教学资源。教师重在启发和激励学生思考，创设真诚、平等、和谐、质疑的教学氛围，尽力使各种非标准思路具有的价值体现出来，增强学生的自我效能感，使学生对数学活动中出现的惑—感—思—悟，伴随着具体的见解和认知过程显现出来。

要善待教学中的非标准思路，体现学生真实的思维构造和属于自己的过程性知识，特别是奇思妙想映衬的基于体验的首创精神。对学生的生成性问题做出反应和调整，这是教师教学思维的真正展现。充分发挥爱和智的双重功效，使课堂教学成为情感与智慧的交融汇合。从某种意义上说这个生成过程是问题发生和解决的过程，是师生的思想得到自然流淌的过程。但这里的生成是基于教学预设的动态生成过程，并不主张教师和学生在课堂上信马由缰式地展开教学。

对学生的非标准思路采取了赞赏态度，值得称道。苏霍姆林斯基曾经说过教育的技巧并不在于能预见到课的细节，而在于根据当时的具体情况，巧妙地在学生不知不觉中做出相应的变动。

第三节　趣味化教学方法的运用

一、高等数学教育过程中的现状问题分析

（一）课程内容单一，缺乏趣味性

高等数学作为重要的自然科学之一，在经济全球化与文化多元化的背景下，知识经济迅速发展，已经开始逐渐渗透到其他学科与技术领域。高校高

等数学教学的内容应该与新时期社会发展对于人才的需求标准与要求紧密结合，培养适合于社会经济建设、文化发展的优秀人才。实践中，上课教学仍然过多地关注课本知识的讲解，忽视了高等数学与其他学科之间的紧密联系，缺乏对于高等数学研究较为前沿问题的关注与了解。同时，高等数学教师将过多的时间、关注点放在课堂理论知识的讲解上，缺乏趣味性，忽视了大学生实践能力的培养。单一的课堂教学内容，不能引起大学生学习该门课程的兴趣与积极性，部分同学出现了挂科、厌学的情形。

（二）理论联系实际不够，应重视数学应用教学

教师在教学中对通过数学化的手段解决实际问题体现不够，理论与实际联系不够，表现在数学应用的背景被形式化的演绎系统所掩盖，使学生感觉数学是"空中楼阁"，抽象得难以琢磨，由此产生畏惧心理。学生的数学应用意识和数学建模能力也得不到必要的训练。针对上述情况，我们应重视高等数学的应用教育，在教学过程中穿插应用实例，以提高学生的数学应用意识和数学应用能力。

（三）对数学人文价值认识不够，应贯彻教书育人思想

数学作为人类所特有的文化，它有着相当大的人文价值。数学学习对培养学生的思维品质、科学态度、数学地认识问题、数学地解决问题及创新能力等诸多方面都有很大的作用。然而，教师们还未形成在教学中利用数学的人文价值进行教书育人的教学思想。教书育人是高等教育的理想境界，首先，教师要不断提高自身素质，从思想上重视高等数学教育中的数学人文教育；其次，教师要关心学生的成长，将教书育人的思想贯彻到教学过程中，注重数学品质的培养。

二、高等数学教学趣味化的途径与方法

高等数学是独立学院开设的一门重要基础课程，是一种多学科共同使用

的精确科学语言，对学生后续课程的学习和思维素质的培养发挥着越来越重要的作用。但在实际教学过程中，高等数学课堂教学面临着一些困境：独立学院学生数学功底较差，加之内容的高度抽象性、严密逻辑性及很强的连觉性，更是让学生感觉枯燥乏味，课堂气氛严肃而又沉闷，学生学得痛苦，教师教得无奈，特别是一些文科类的学生，对其更是产生了恐惧感，渐渐失去学习数学的兴趣。

爱因斯坦说过："兴趣是最好的老师。"因此，调节数学课堂的气氛，提高高等数学课程的趣味性，吸引学生的注意力，调动学生的学习积极性，激发学生学习数学的兴趣，是教师提高教学实效的重要途径。

（一）通过美化课程内容提高数学本身的趣味性

首先，教师要引导学生发现数学的美，有意识地将美学思想渗透到课堂教学中。例如，在极限的定义中，运用数学的一些字母和逻辑符号就可以把模糊、不准确的描述性定义简洁准确表述清楚，体现了数学的简洁美；泰勒公式、函数的傅里叶级数展开式等，表现了数学的形式美；空间立体的呈现，体现了数学的空间美；几何图形的种种状态，体现了数学的对称美；反证法的运用，体现了数学的方法美；中值定理等定理的证明，体现了数学的推理美；数形结合体现了数学的和谐美；等等。数学之美无处不在，在高等数学教学中帮助学生建立对数学的美感，能唤起学生学习数学的好奇心，激发学生对数学学习的兴趣，从而增强学生学习数学的动力。

其次在教学过程中化难为简，少讲证明，多讲应用，特别是对于工科类的学生而言，不仅可以减少数学的枯燥感，还可以让学生明白数学其实是源于生活又应用于生活的。在用引例引出导数的定义时，教师可以不讲切线和自由落体，而由经济学当中的边际成本和边际利润函数或者弹性来引出导数的定义，事实上边际和弹性就是数学中的导函数；在讲解导数的应用时，可以结合实际生活，例如，电影院看电影坐在什么位置看得最清，当产量多少时获得的利润最大等，事实上最值问题就是导数的一个重要应用，这样把例子变换一下，会让学生体会到数学的应用价值；在介绍定积分时可以不直接讨论曲边梯形的面积，而是让学生考虑农村责任山地的面积，引起学生的注意力，提高教学效果；在讲解级数的定义时，先介绍希腊哲学家——芝诺的阿基里斯悖论，即希腊跑得最快的阿基里斯追赶不上跑得最慢的乌龟，立马就会引起学生的兴趣，事实上这就是无限多个数的和是一个有限数的问题，即收敛级数的定义，这样学生不仅觉得有趣而且印象深刻。

因此，教师在高等数学教学中，应精心设计、美化教学内容，使其更多地体现数学的应用价值，增强数学知识的目的性，让学生意识并理解到高等数学的重要性，从而自发地提高学习兴趣。这样，学生在轻松快乐的气氛中明白了数学是源于实际生活并抽象于实际生活的，和实际生活有着密切的关系，意识到数学是无处不在的。

（二）通过改变教学方式激发学生的学习兴趣

目前对于独立学院的高等数学教学，"满堂灌"式的教学方法仍然占主导地位，教师讲、学生听，过分强调"循序渐进"，注重反复讲解与训练。这种方法虽然有利于学生牢固掌握基础知识，却容易造成学生的"思维惰性"，不利于独立探究能力和创造性思维的发展，同时由于过多地占用课时，致使学生把大量的时间耗费于做作业之中，难以充分发展自己的个性。因此，创造良好活跃的课堂教学氛围，激发学生兴趣，提高学习数学的热情，合理高效利用课堂时间，是提高教学质量，改善教学效果的有效途径。

独立学院可以结合自身情况，充分利用上课前 5~10 分钟时间，采取奖励机制（如增加平时成绩等方法），让学生踊跃发言，汇报预习小结，例如，定积分这一节，课堂上就预习情况让学生自由发言，有人说："定积分就是用 $\mathrm{d}x$ 这个符号把函数 $f(x)$ 包含进去。"有人说："定积分就是一个极限值。"学生们你一言我一语，事实上就把定积分的概念性质说得差不多了，这样一来不仅调动了课堂气氛，培养了学生的自学能力，而且对教师教学而言也会起到事半功倍的效果。另外，还可以在授课中穿插一些数学发展史和著名数学家的小故事，这样既可以丰富课堂元素，缓解沉闷的课堂气氛，又可以扩大学生的知识面，提高学习数学的兴趣。而在布置作业时，不要单纯让学生做课后习题，可以布置一些"团队合作"的作业，把学生分成几个小组，让他们团队力量来完成作业，比如说简单的数学建模，让学生合作完成，每小组交一份报告。这样既可以锻炼学生的团队协作能力，也大大提高了高等数学作业的趣味性，让学生乐于做作业。

（三）通过优化教学手段提高学生的学习热情

高等数学作为独立院校的一门基础课程，在多数学校都采取多个班级或多个专业合成一个大班来进行教学。单纯使用黑板进行教学存在很多弊端，针对这样的现状，吕金城认为应当用黑板与多媒体相结合的方法来进行教学。多媒体表现力强、信息量大，可以把一些抽象的内容形象生动地展现出来，例如，在讲定积分、多元函数微分学、重积分和空间解析几何时，多媒体课件可以清晰、生动、直观地把教学内容展示在学生面前，既刺激学生的视觉、听觉等器官，激发学习热情，又节约时间，提高了教学实效。

但教师也不能过多依赖多媒体，一些重要的概念、公式、定理的讲解还是要借助黑板，这样才能使学生意识这些内容的重要性，且对一些证明和推导过程理解得更充分、更透彻。这种以黑板推导为主、多媒体为辅的教学模式更有助于增加数学教学的灵活性，激发学生的求知欲，提高学生学习数学的热情。

对于独立学院高等数学课程的教学，教师要结合自身情况、学生情况，适当美化教学内容，并改变教学方法和手段，提升高等数学的魅力，增加该课程的趣味性，降低学生对高等数学的畏惧感，激发学生学习数学的热情和兴趣，并逐步培养学生独立思考问题、解决问题的能力。当然，独立学院的高等数学教学还处于起步阶段，高等数学课程的教学内容、教学方式和教学手段等还在不断探索、不断改革。关于该课程的趣味性还需要教师进一步努力，进行更深入的探索。

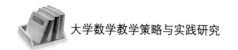

三、高等数学教学趣味化（以极限概念为例）

数学，是科学的"王后"和"仆人"。数学正突破传统的应用范围，向几乎所有的人类知识领域渗透。同时，数学作为一种文化，已成为人类文明进步的标志。一般来说，一个国家数学发展的水平与其科技发展水平息息相关。不重视数学，会成为制约生产力发展的瓶颈。所以，对工科学生来说，打好数学基础显得非常重要。

获得国际数学界终身成就奖——"沃尔夫"奖的数学大师，被国际数学界喻为"微分几何之父"的陈省身先生说"数学是好玩的"。简洁性、抽象性和完备性，是数学最优美的地方。然而，对大多数工科学生来讲，往往感觉"数学太难了"。如此鲜明的对比，分析其原因，应该来自数学的高度抽象性，将冗杂的应用背景剥离掉，将其应用空间尽可能地推广，再将一切漏洞补全，已将数学的核心部分引向高度抽象化的道路，这些都已成为学生喜欢数学的最大障碍。

数学是简单的、自然的、易学的、有趣的。学生在学习过程中遇到的难点，也正是数学史上许许多多数学家曾经遇到过的难点。数学天才高斯要求他的学生黎曼研究数学时，要像建造大楼一样，完工后，拆除"脚手架"，这一思想，对后世数学界影响至深。拆除过"脚手架"的数学建筑，我们只能"欣赏"，只能"敬而远之"。一名好的数学教师，在教学过程中，正是要还原这些"脚手架"，还原数学的"简单"，这是初级教学目标。华罗庚说："高水平的教师总能把复杂的东西讲简单，把难的东西讲容易。反之，如果把简单的东西讲复杂了，把容易的东西讲难了，那就是低水平的表现。"

一方面，极限概念是工科高等数学中出现的第一个概念，非常难理解，是微积分的难点之一，也是微积分的基础概念之一，微积分的连续、导数、积分和级数等基本概念都建立在此概念基础之上。虽然高中课改后，学生已对极限有了初步的认识，但对严格极限概念的接受、理解、掌握还是相当困难。一个好的开始，可以说是成功教学的一半，处理好极限概念，绝大部分学生就会喜欢上数学，培养兴趣应是教学工作中的第一要务。相反，处理不好极限概念的教学，会使很多学生的数学水平停留在被动的、应付考试的级别上。齐民友对此现象有一个很生动的说法：在许多学校里，数学被教成一代传一代的固定不变的知识体系，而不问数学是何物。掌握一个科目就是彻底地掌握有关的基本事实——正所谓舍本逐末，买椟还珠。

另一方面，高等数学是工科学生进入大学后的第一批重要基础课之一，学分较多，能否学好，对学生四年的大学学习会产生重要的心理影响。所以，极限概念的教学应引起大学数学教师的重视。

（一）数学史上极限概念的出现

极限思想的出现由来已久。中国战国时期庄子（约公元前 369—公元前 286 年）的《天下篇》曾有"一尺之棰，日取其半，万世不竭"的名言；古希腊有芝诺（约公元前 490—公元前 425 年）的阿基里斯追龟悖论；古希腊的安蒂丰（约公元前 480—公元前 410）在讨论化圆为方的问题时用内接正多边形来逼近圆的面积；等等，而这些只是哲学意义上的极限思想。此外，古巴比伦和埃及，在确定面积和体积时用到了朴素的极限思想。数学上极限的应用，较之稍晚。公元 263 年，我国古代数学家刘徽在求圆的周长时使用"割圆求周"的方法。这一时期，极限的观念是朴素和直观的，还没有摆脱几何形式的束缚。

1665 年夏天，牛顿在三大运动定律、万有引力定律和光学的研究过程中发现了他称为"流数术"的微积分。德国数学家莱布尼茨在 1675 年发现了微积分。在建立微积分的过程中，必然要涉及极限概念。但是，最初的极限概念是含糊不清的，并且在某些关键处常不能自圆其说。由于当时牛顿、莱布尼茨建立的微积分理论基础并不完善，以致在应用与发展微积分的同时，对它的基础的争论愈来愈多，这样的局面持续了一二百年之久。最典型的争论便是：无穷小到底是什么？可以把它们当作零吗？

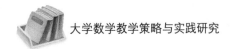

（二）精确语言描述：ε-δ（叙述其简洁、严格之美）

现代意义上的极限概念，一般认为是魏尔斯特拉斯给出的。

在 18 世纪，法国数学家达朗贝尔明确地将极限作为微积分的基本概念。在一些文章中，给出了极限较明确的定义，该定义是描述性的、通俗的，但已初步摆脱了几何、力学的直观原型。到了 19 世纪，数学家们开始进行微积分基础的重建，微积分中的重要概念，如极限、函数的连续性和级数的收敛性等都被重新考虑。1817 年，捷克数学家波尔查诺首先抛弃无穷小的概念，用极限观念给出导数和连续性的定义。函数的极限理论是由法国数学家柯西初建，由德国数学家魏尔斯特拉斯完成的。柯西使极限概念摆脱了长期以来的几何说明，提出了极限理论的 ε-δ 方法，把整个极限用不等式来刻画，引入 "lim" 等现在常用的极限符号。魏尔斯特拉斯继续完善极限概念，成功实现极限概念的代数化。

微积分基础实现了严格化之后，各种争论才算结束。有了极限概念之后，无穷小量的问题便迎刃而解：无穷小是一个随自变量的变化而变化着的变量，极限值为零。

（三）极限概念的教学

教学过程中应还原数学的历史发展过程，重视几何直观及运动的观念，多讲历史，少讲定义，以引发学生兴趣。学时如此之短，想讲清严格定义也是枉然，但是，也应适当做一些 ε-δ 题目，体会个中滋味。

研究极限概念出现的数学史发现，现代意义上精确极限概念的提出，经过了约两千五百年的时间。甚至微积分的主要思想确立之后，又经过漫长的一百五十多年，才有了现代意义下的极限概念。数学史上出现了先应用，再寻找理论基础的"尴尬"局面。极限概念的难于理解，由此可见一斑。

正因为如此，魏尔斯特拉斯给出极限的严格定义后，主流数学家们总算是长出一口气，从此以后，数学界以引入此严格极限定义"为荣"，总算可以理直气壮、毫无瑕疵地叙述极限概念了！极限概念的严格化进程中，以摒弃几何直观、运动背景为主要标志，是经过漫长的一百多年的努力才寻找到的方法。但教学经验表明，一开始就讲严格的 ε-δ 极限概念，往往置学生于迷雾之中，然后再讲用 ε-δ 语言证明函数的极限，基本上就将学生引入不知极限为何物的状况中。这种教学过程是一种不正常的情况，有些矫枉过正，在重视定义严格的前提下，拒学生于千里之外。

在极限概念的教学过程中，一方面，应该还原数学史上极限概念的发展过程，重视几何直观和运动的观念，先让学生对极限概念有一个良好的"第一印象"。为获得一个具有"亲和力"而不是"拒人于千里之外"的极限概念，甚至可以暂时不惜以牺牲概念的严格性为代价，用不太确切的语言将极限思想描述出来。

另一方面，由于学时缩减，能安排给极限概念的教学时间有限。只要触及极限的严格化定义 ε-δ，学生就必然会有或多或少的迷惑和问题。在教学过程中，教师应该告诉学生"接纳"自己对极限概念的"不甚理解""理解不清"状态。如牛顿、莱布尼茨等伟大的数学家都有此"软肋"，并因此遭受长达一二百年之久的微积分反对派的尖锐批判。我们即便"犯下"一些错误，也是正常的，甚至也是几百年前某个伟大如牛顿、莱布尼茨这样的学者曾经"犯下"的错误。所以教师应引导学生不能妄自菲薄，要改变高中学习数学为应付高考的模式，不再务求"点点精通"，而是将学习重点放到微积分系统的建立上，消除高中数学学习模式的错误思维定式的影响。

用几何加运动方式，即点函数的观念描述的极限概念，直观、趣味性较强；另一方面，可以很方便地推广到下册多元函数极限的概念，为下册微积分推广到多元打下伏笔。多年来的教学经验表明，让学生对数学有自信、有兴趣，可以帮助学生学好数学。

（四）极限概念对人生的启示

哲理都是相通的，数学的极限概念中也蕴含着深刻的哲理。它告诉我们，不要小看一点点改变，只要坚持，终会有巨大收获！学完极限概念，至少要

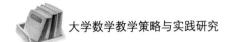

教会学生明白一件事，就是做事一定要坚持，每天能前进很小很小的一步，最终会有很多收获。这是学极限概念收获的最高境界，也是作为一名教师"教书育人"的最高境界。

第四节　反例教学方法的运用

高等数学是高等院校里一门重要的基础课，是培养学生抽象概括能力、逻辑思维能力、运算能力和空间想象力的重要课程，在大学学习中占有极其重要的地位。高等数学的教学目的是使学生在理解基本知识，掌握基本技能、基本方法的前提下运用所学数学知识和方法分析、解决实际问题。在高等数学的教学中，反例教学有着极为重要的意义。它在发现和认识数学理论，强化数学基础知识的理解和掌握，以及培养学生的思维品质和创新能力等方面具有重要的作用。

1. 在基本概念讲授过程中的应用

概念是高等数学理论和方法的基础。准确地理解和把握概念的内涵，掌握概念的本质，是学好高等数学，应用数学知识和方法处理具体问题的基础。因此，在教学中必须使学生注重概念的本质，抓住概念的真正内涵。

在讲授新概念时，正面的例子可以起到了解、熟悉新概念的作用，而反例则可加深对新概念的理解。在引入一个新概念时，通常要举几个符合定义的实际例子把概念具体化。如果再举几个反例，从反面来说明概念的本质，就会更利于学生加深对概念的理解，从而达到较好的教学效果。

2. 在学生纠正错误过程中的应用

学生的学习过程是一个知识积累的过程，同时也是他们不断产生错误的过程。不论是在对概念、定理、性质的理解上，还是在具体的解题过程中都会产生很多的错误。反例在辨析错误中具有直观、明显及说服力强等突出特点。通过反例教学，不但可以发现学习中存在的错误和漏洞，而且可以从反例中修补相关的知识。

在教学过程中要经常留意学生学习中容易出现的各种错误，剖析产生错误的原因，并以反例的形式反馈给学生，使他们认识到数学的严谨性，从而培养学生思维的严谨性。

3. 在开拓学生思维培养学生创新能力的应用

在教学过程中，除了应用反例教学之外，还应指导学生构造反例。因为构造反例的前提是必须对所学的定义、定理、性质有清楚的理解，并且需要更高的数学素养和勇于创新的能力。由于很多反例的构造并不唯一，这就从另一方面给学生提供了培养创新能力的多种途径，使学生在构造反例的过程中学会创新，养成勤于探索、不断进取的良好习惯，达到培养学生的创新能力的目的。

综上所述，反例在高等数学教学中有重要的作用，通过反例的构造，可以调动学生学习的积极性，加深学生对知识的理解，帮助学生辨析错误，发现数学真理。学生通过解决数学问题寻找反例，领会数学思维的规律和方法，培养创新能力和良好的思维能力，并有助于提高教学质量和有助于学生分析问题和解决问题的能力的提高和数学素质的培养。

第五节　对比教学方法的运用

大学的课程比较多，比起高中的课程来说也相对复杂，内容层次也深得多，但是在实际的大学数学教学中常常有着教材结构不合理的情况，严重影响了教学质量和学生学习积极性的提高。所以说，采取科学而有效的教学方法，将烦琐而复杂的知识进行合理的梳理和整合，让学生更轻松、更容易地接受和理解知识，以便达到提高学生自主学习和解决实际问题的能力，而"对比教学法"正是适合这一要求的教学方法。在日常的大学数学教学中，教师通过对知识点、概念的对比，可以让学生的猜想更加的科学、合理，更重要的是有利于学生对原来学习的知识进行巩固。所以说，对比教学法是学生探索问题、解决问题并发现新问题的有效思维方式。学生必须要学会这种思维

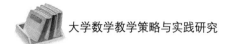

方式。教师在日常的教学中，不但要对学生进行知识的传授，更重要的是培养学生运用对比来发现问题、解决问题的能力。

大学数学的教材内容有着严谨且完善的理论体系，教材中很多都是先讲概念，后讲定理，然后讲公式，最后进行推证。教师在课堂上常常是习惯通过逻辑论证的方法来讲解知识点，以便达到培养学生论证推理的能力的目标。但只要仔细地对高等数学等数学相关科目进行分析，就不难发现，内容与内容、知识点与知识点之间，存在着许多可做比较的地方。

一、对比教学法的内涵

通过运用对照的方法来明确事物之间的相同点和不同点的思维过程的方法就是对比。而对比教学法就是在知识的深度和广度的基础上，以比较为基础，找出两个不同对象之间的相同点和不同点，然后以此作为依据，将有关的知识和理论前移到另一对象上。这种方法不是就事论事，而是举一反三、对比类推的过程，通俗地说，对比教学法就是在教学的过程中，将一些有一定联系和差异的教学内容放在一起进行对比讨论和分析，明确其中的相同点和不同点，让学生在理解一个内容之后很轻松、自然地想到另外一个内容，然后掌握和理解，以便很好地达到教学的目的。

二、对比教学法的作用

1. 有助于学生思维能力的培养

黑格尔在《小逻辑》一书中写道："假如一个人能见出当下显而易见之异，例如，能区别一枝梅与一峰骆驼，我们不会说这个人有了不起的聪明，所要求的是要看出异中之同或是同中之异。"大学学习的一个很重要的目的就是要学会良好的思维方式，所以说，传授给学生一种良好的思维方式，让学生学会自我思考，让学生形成自己独特的见解和个性，这是每一个教师都应该注重并付之于行动的重要任务。在日常的数学教学中，教师不能将课堂当成自己的"一言堂",应该在将知识简单介绍的基础上,让学生自己通过对比来找出其中相同点与不同点,进而更好地掌握这些知识。只有通过学生自己发现并理解的知识,才能成为学生自己的东西。

2. 有助于培养学生的创造性思维

高等教育的主要任务之一就是培养创造性人才,而培养创造性人才的过程是一个系统的综合性过程,数学则是一门最能够激发学生自由本能、创新意识的学科。恩格斯说过:"数学是人类悟性的自由创造物。"因此,在大学数学的教学过程中,培养学生的创造性思维不但是有理论意义的,更是有实际价值的。而对比教学法则可以很好地达到这一目标,可以很好地开发学生的创造性思维,加深学生对数学教材里的内容、公式及概念的记忆,从而在根本上提高学生理解和解决问题的能力。

3. 有助于学生进一步牢固掌握基本理论和知识

在大学数学的日常教学过程当中不难发现,在讲解那些存在着一定联系和区别的基本概念,许多学生都难以抓住本质的特性,而且常常容易将那些相似的概念混为一谈,导致了学生对于这些概念记忆的盲目性和混乱性。通过采取对比的方法,将有联系的知识点联系在一起,到学生通过自己的思考找出其中有价值的内容、重点及难点。这样一来,教师教得也轻松了,学生也减轻了学习负担,更重要的是调动了学生学习的主动性和自觉性,让学生轻轻松松地就掌握了大学数学的重点和难点。

4. 有助于营造良好的教学氛围

通过对比教学法,将不同的知识点放在一起进行比较,这对教师来说是一种新的教学方法,对于学生来说则是一种新的尝试。对比教学法不但学得轻松,更可以让学生更好地理解学习的内容,同时,运用对比教学法,更可以让数学内容在学生的心里留下深刻的印象,以便让学生在课堂教学中有所懂、有所知、有所得。通过营造良好的学习氛围,帮助学生对认识的事物进行深入的了解,让学生善于思考问题、分析问题及解决问题。这样一来,学习氛围也就会越来越融洽。

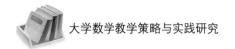

三、对比教学法在大学数学课堂的实际运用

（一）用对比教学法来讲解数学概念

对数学中的一个对象的本质进行抽象就是数学概念。数学概念可以很好地解释事物的本质属性。学生掌握概念有许多不同的方法，而对比教学法就是其中一种非常重要的方法。在大学数学课堂教学中，教师通过对新、旧概念的对比，可以让学生很明显地、快速地找到新、旧概念之间的相同点和不同点。学生找到了相同点，就可以通过已经学习的内容来对新的内容进行理解；学生找到了差异，就可以更进一步地了解到新概念的本质。在高等数学中，有很多的概念都可以很好地运用对比教学法，通过对比教学法可以很好地揭示概念所传达的内容和本质，同时这种方法也是非常有启发性的。

（二）用对比教学法来讲解数学性质和定理

在大学数学的教学中，有许多内容都是对于定理的证明和对公式的推理，并且大多是采用推理论证的方法，但是这样的方法往往过于注重推理的过程。美国数学家波利亚曾经说过："数学家的创造性工作成果是论证推理，这就是证明，但是这个证明是通过合情推理，通过猜想发现的，只要数学的学习过程能反映出数学的发明过程，那么就应当让猜想、合情推理占有相当的位置。"因此，在大学数学的课堂教学当中，在对定理进行讲解时，不但要进行推理论证，还要分析定理的由来，以便达到培养学生推理论证和猜想的能力。在微积分当中有许多定理可以用对比教学法来进行教学，通过对比教学法来引导学生找出新的定理的内容，然后继续猜想，最后证明新定理。同时，还要理解和清楚两个对象，即新、旧定理之间的相同点和不同点。例如，在讲解闭区域上二元连续函数性质的时候，可以通过对一元连续函数性质的比较，来得到有关闭区域上二元连续函数的定理和性质。同时，通过对比教学法，学生还可以很容易地发现闭区间上一元连续函数中零点定理与之相对应的二元函数的情形。

在大学数学教学的过程中，如果能够合理地运用对比，不但可以很好地激发学生的兴趣，启发学生的思维，还能够将教学的过程变为学生自己找出定理、猜想定理和研究定理的过程。

四、运用对比教学法应该注意的问题

虽然对比教学法有着许多非常明显的优势，但是教师在日常的大学数学教学过程中，还要注意针对不同的重点、内容及知识点，合理、灵活地运用不同的对比方法。一般来说，在运用对比教学法的过程中，应该注重以下几个方面。第一，教师在课堂上运用对比教学法的过程中，不能只是在表面上做功夫，应该不断地在深层次上进行挖掘。如果仅仅只是在表面或是简单地进行对比分析，学生对于学习的知识很容易就忘记，这样一来，对比教学法的作用就很难发挥出来。所以说，在应用对比教学法的过程中，不但要认识到两个对象之间的相同点和不同点，还要深入地找寻背后的原因。古话说得好："学贵有疑，小疑则小进，大疑则大进。"这正是说明深入地找寻疑问、解决疑问是学习的用要方法。第二，教师要引导学生去发现被比较对象之间的关系，同时要注意的是，不是任何两个知识点都适合进行对比，也不是每一个相同点和不同点都值得挖掘。教师通过选择适当的比较对象来明确它们之间的比较点，进而培养学生学会找到那的有联系、有价值的知识点进行对比，并采取合理、科学的对比方法，以便达到让学生更加深刻地理解知识的目的。

总而言之，教师通过运用对比教学法，可以很好地帮助学生培养出自身透过现象看本质、透过表面看内在并进行挖掘、分析的能力。对比教学法可以很好地营造出一个学生积极思考、努力联想的学习氛围，使得学生在和谐、愉快的气氛当中掌握知识和学习的方法。教师如果能够很好地运用这种教学方法，那么课堂教学就会得到事半功倍的效果。因此，教师应该通过自身的才能去挖掘教材当中合理的对比内容，用灵活的教学手段来培养学生良好的对比思维方法，进而通过对比去猜想和发现新的问题及其解决方法。

第六节　现代教育技术的运用

一、现代教育技术的内涵

现代教育技术指运用现代教育思想、理论、现代信息技术和系统方法，通过对教与学的过程和教与学资源的设计、开发、利用、评价和管理，来促进教育效果优化的理论和实践。具体而言，现代教育思想包括现代教育观、现代学习观和现代人才观几个部分的内容；现代教育理论则包括现代学习理论、现代教学理论和现代传播理论。现代信息技术主要指在多媒体计算机和网络（含其他教学媒体）环境下，对信息进行获取、储存、加工和创新的全过程，其包括对计算机和网络环境的操作技术和计算机、网络在教育及教学中的应用方法两部分；系统方法是指系统科学与教育、教学的整合，它的代表是教学设计的理论和方法。

由上可见，现代教育技术包含两大模块：一是现代教育思想和理论；二是现代信息技术和系统方法。现代教育技术区别于传统教育技术，前者是利用现代自然科学、工程技术和现代社会科学的理论与成就开发和研究与教育教学相关的，以提高教育教学质量和教育教学成果为目的的技术。它是当代教师所应掌握的技术，涵盖了教育思想、教育教学方式方法、教育教学手段形式、教育教学环境的管理和安排及教育教学的创新与改革等方面的内容。同时，它也主要探讨怎样利用各种学习资源获得最大的教育教学效果，研究如何把新科技成果转化为教育技术。综上，现代教育技术就是以现代教育理论和方法为基础，以系统论的观点为指导，以现代信息技术为手段，通过对教学过程和教学资源的设计、开发、使用、评价和管理等方面的工作，实现教学效果最优化的理论和实践。

二、现代教育技术在高等数学教学中的作用

基于上述对现代教育特点、高等数学教学现状及所面临挑战的分析与介绍，现代教育技术对高等数学教学的作用主要体现在如下几个方面。

（一）运用现代教育技术，可以提高教学内容的呈现速度和质量

高等数学具有自己特殊的学科表达方式：一是采用符号语言，表达简洁、准确；二是采用几何语言，表达形象、直观。由于高等数学具有这样的特点，所以在高等数学的教学过程中无法单纯靠文字语言进行信息完整和准确的传授，这也就决定了高等数学课堂教学的特点是必须呈现大量的板书，包括大量的书写和大量的画图。例如，概念和定理完整的表达、定理的证明等都需要大量的仿写；在解析几何中，知识的讲解一般伴随着大量的画图。由于这些书写和画图的过程都需要教师现场完成，所以课堂大量有效的时间均花费在这些操作上，并且很多时候"现场制作"效果不佳，严重影响了教学效果。此时就可以发挥现代教育技术的教学优势，教师只需在备课时做好课件，课堂上直接进行演示即可。相比之下，后者不仅节省了大量的时间，而且使学生更清楚地观察教学过程，教学效果得到极大提高。

（二）运用现代教育技术，可以动态地表达教学思想

高等数学主要研究"变量"，因此高等数学思想中充满了动态的过程。例如，讲解"极限"的过程需要把"无限趋近"的思想表达出来，而"无限趋近"仅靠语言表达很难清楚地呈现。这些概念的表达，都是动态的过程，需要用"动画"来表示，传统教学模式难以表示此动态过程，它往往只能告诉学生"是这样"或者"是那样"，因此很多学生对这些动态的过程理解不透彻，甚至出现理解错误，严重影响了学习的效果。此时教师便可借助多媒体或者数学软件等现代信息技术手段，把这些过程制作成动画，动态地呈现这些内容，使抽象的理论变得生动、直观和自然，学生的感受更直观，因此，学习

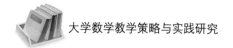

效果得以提升。

（三）运用现代教育技术，可以更快更及时地解决学生的提问

在高等数学的学习过程中，每个人都不可避免地会有很多疑问，在传统教学模式下，这些问题一般由教师在课堂上解决，或者通过学生之间互相讨论解决。这种疑问解答方式的反馈及时性和便捷性都较差，很大程度上影响了学生的学习积极性。现代教育技术为解决此类问题提供了一个新思路，虽然受到客观条件的限制，高校不可能在每一间教室都提供电脑及联网等条件，但是在图书馆、信息技术中心及寝室等地方则可以达到这些条件。学生就可以把学习中所碰到的难题和困惑及时发到网上，与其他同学和教师交流，这样不仅有利于及时解决问题，还可以调动学生学习的兴趣，激发学习热情，提高学习效果。

（四）运用现代教育技术，可以更好地进行习题课教学

数学知识需要大量的练习才能被充分消化吸收，高等数学也是如此。但是，传统教育方式下的习题课教学效果较差，这是因为传统的教学方式只考虑到一部分学生的接受能力，无法顾及所有学生的需求。然而，教师在高等数学教学中可以适当地使用现代教育技术来解决这一难题，即教师在设置有局域网的教室开展课堂活动，每个学生便可以在习题课评价系统中根据自己的实际情况进行个性化练习，对自己的学习情况进行自我评价，不懂的地方可以及时反馈，并可以与教师及同学一起讨论。这使得学生增强了学习的主动性及积极性，思想也更为活跃，有利于培养学生的创新能力，进而也更加有利于提高高等数学的教学效果。

三、CAI 教学与高等数学的整合

（一）CAI 教学进入高等数学课堂

"计算机辅助教学"是 CAI 的汉语翻译，从目前的实践来看，CAI 的范

围远远小于英语中"计算机辅助教学"的原意，随着现代教育技术的不断发展，这一领域定义的外延和内涵还在不断发生深刻的变化。教师希望克服传统教学方法上机械、刻板的缺点，就可以综合运用多媒体元素、人工智能等技术。它的使用能有效地提高学生的学习质量和教师教育教学的效率。

（二）CAI教学面对学生可以因材施教

为切实提高教学效率和教学质量，发挥学与教中教师主导和学生主体的作用，高等数学的任课教师可以研究制作课教学课件，边实践边修改，通过在多个班进行教学试点验证，此举使得授课内容更为丰富。通过穿插彩色图片、曲线等，整个授课中抽象乏味的数学公式由枯燥变得有趣，由单一变得活泼，起到了积极作用。还可以保留板书教学的优势，有利于给学生强调知识重点，帮助学生融会贯通。

（三）CAI教学将高等数学化繁为简

高等数学具有抽象性高和应用广泛的特点，教师通过多媒体的手段更为直观地传递给学习者，让学习者自发探索新的规律，化烦琐的新知识为简明易懂的旧内容。仅让教师在黑板上面绘制平面图形，例如，空间解析几何内容涉及很多空间知识的学习，学生是很难掌握的。用 Flash 的方式来模拟立体图形和复杂函数图形生成，将实现由点到线到面最后生成空间图形全过程。

（四）CAI教学突破重难点

教师在高等数学教学中，经常会遇到知识点往往不能被一带而过，但是一些学生难以理解的知识点，可以通过 CAI 教学方式传递给学生，化难为易，让静止的问题动态化，让抽象的道理具体化，让困难的处境简单化。例如，定积分的定义。在理解思路中，教学中的重点是对曲边梯形面积的求解过程。

（五）CAI教学帮助教师转变教学观念

墨守成规的教师，不仅会导致自己的知识很快陈旧落伍，而且自身也会

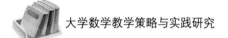

被时代所淘汰。高等数学教师，在重视师生之间的情感交流的基础上，更要学习现代教育技术知识，具备持续发展的意识，体谅学习成绩不理想的学生，增强学生学习高等数学的信心，激发学生的求知欲，以良好的心态和饱满的热情，鼓励学生积极参与"交流—互动"教学活动。

四、运用现代教育技术应注意的问题

虽然运用现代教育技术优化高等数学教学，有着传统教学模式无法比拟的优势，但是在进行现代信息技术与高等数学整合时，应该注意如下三个问题。

（一）处理好现代信息技术与传统技术的关系

手工技术时代，以粉笔、黑板、挂图及教具为代表的传统媒体是教师教学的基本手段；机电技术时代，幻灯、投影、广播及电视等视听媒体技术成为教师教学的有力助手；信息技术时代，以多媒体计算机为核心的信息化教育技术成为师生交流及共同发展的重要工具。因此，教师要充分发挥传统媒体技术在教育中的积极作用。虽然黑板、粉笔、挂图和模型等传统教育工具以及录音机、幻灯机和放映机等传统电化教育手段存在一定的局限性，但是它们在教学中仍然具有独特的生命力。由于在高等数学教学中有些知识较为抽象，若缺乏黑板板书和形象生动的讲解支持，单靠多媒体进行知识呈现，教学效果肯定不佳，因此在适当的时候教师也应充分利用黑板和粉笔进行教学。

（二）现代信息技术的本质仍是工具

当前，世界各国都在研究如何充分利用信息技术提高教学质量和效益，加强现代信息技术的教学应用已成为各国教学改革的重要方向。但是，现代信息技术毕竟只是手段和工具，只有充分认识到这一点，才能一方面防止技术至上主义，另一方面避免技术无用论。此外，注重现代教育技术的使用，也不要忽略对学生的人文关怀，即对学生心理、生理及情感的关怀等。

（三）促进信息技术与学科课程的整合

若想充分发挥信息技术的优势，为学生提供丰富多彩的教育环境和有力的学习工具，必须促进信息技术与学科课程的整合，逐步实现教学内容的呈现方式、学生的学习方式、教师的教学方式和师生互动方式的变革，大力促进信息技术在教育教学中的普遍应用。

总之，在高等数学教学过程中，有机整合现代教育技术和传统教育模式的优点，将会更好地提高教学效果及教学质量，也更有利于创新人才的培养。利用现代教育技术改善高等数学课程教学，并借此努力培养学生的数学素质，提高学生应用所学数学知识分析问题和解决问题的能力，激发学生的学习兴趣及稳步提高教学质量等，将是高等数学教学改革的方向和目标，同时这也必将是一个循序渐进的过程。利用信息技术有助于高等数学的多层次展示，并利于呈现多种模式的教学，这使高等数学课程的教学出现了生动活泼的局面，同时也带来了一系列的新问题。当前，在稳定提高高等数学教学质量及深化教学改革方面还有许多问题需要解决，希望一线教师在不断探索和实践的基础上制定出比较完整和完善的规划。通过一线教师对信息技术与高等数学教学课程整合进行不断的努力和探索，一定能够优化高等数学教学。

第六章　大学数学与信息技术融合探索

第一节　运用计算机技术优化大学数学教与学

大学数学是高等院校经管类专业的公共基础课程，包括高等数学、线性代数和概率论与数理统计。随着数学与其他学科之间交叉、渗透的不断加深，大学数学在各学科中的地位日益加重。与此同时，计算机技术的迅速发展不仅为数学提供了强大的技术手段，也极大地改变了数学的研究方法和思维模式。如何把计算机技术应用到大学数学教学中，值得我们不断分析和探讨。

一、多媒体技术的应用

传统的教学模式中，教师主要采用黑板加粉笔的方式讲授知识，这种方式不利于展示大学数学所包含的抽象内容、动态过程等。如果能够结合多媒体技术，这种情况将大大改观。多媒体技术是利用计算机对文本、图形、图像、声音、动画、视频等多种信息综合处理、建立逻辑关系和人机交互作用的技术。而大学数学课程中包含大量文字、公式、图像、图表，利用多媒体技术可以很好地处理以上内容，尤其是公式和各种复杂的函数图像。另外，利用多媒体动画可以展示动态的过程。

大学数学中的很多内容都适合多媒体教学，比如：函数的图像、极限、连续与间断；导数概念、导数应用（单调性、凹凸性与极值）；定积分的概念、定积分在几何中的应用；空间解析几何；多元函数微积分。

比如，在定积分概念的教学过程中，不仅要让学生掌握抽象的数学概念，更重要的是让学生深刻领会概念中所包含的基本思想和方法，即"分割、代替、求和、取极限"。学生在高中阶段对定积分的概念有了初步的了解，但对极限的概念却没有进行系统的学习，传统的教学模式很难展示取极限的过程，只能靠教师精心组织语言，充分启发学生的想象力，让学生在想象的世界里完成这一过程。如果能在教学过程中利用多媒体辅助教学，运用动画展示动态的取极限过程，就可以简单、直观地向学生传递知识，有利于吸引学生的注意力，在提高学生学习兴趣的同时增强教学效果。

二、数学软件的应用

随着科学技术尤其是计算机技术的快速发展，计算机已经被广泛地应用到自然科学和工程技术等各个领域。在这些领域中，数学已经成为促进其发展的强有力的工具。对于非数学专业学生来说，重点并不在于掌握过于高深的纯理论知识，而在于把数学作为工具，应用到各自专业领域中去。于是各种数学软件相继问世，掌握这些软件及其应用成为大学生必须具备的一种重要能力。

数学教学软件多种多样，如 Mathematica、Matlab、Maple、MathCAD，Scilab、SAGE 等。大学数学教学中比较常用的是 Mathematica、Matlab 这两种软件在数值计算、图形表示、符号计算和程序设计等各方面表现优秀。而且它们的命令简单，很容易操作，通过简单的学习就可以掌握，从而成为国内外大学数学教学的常用软件。

以 Mathematica 为例，可以解决微积分、线性代数和概率统计中的很多问题。比如，作三维空间中的曲面，通过简单地输入几个命令，就可以快速、准确地得到图形。一些曲面有如大自然中的山用美景，十分地形象，便于解决相关问题。再如统计学中的估计、假设检验，往往需要处理大量复杂数据，

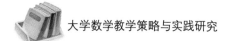

如果利用数学软件解决这类问题，那将是非常方便的，可以大幅提高统计工作的效率。

三、网络技术的应用

科技的进步、社会的发展对数学提出了很多新的问题与要求，这是传统的"课堂+课本"式教学所不能完全解决的。一方面，传统教学模式无法解决学生课外自主学习、问答、互动及测试等一系列问题；另一方面，现代知识信息呈现爆炸式的快速增长与更新，学生步入工作岗位以后，一些课本上的知识与应用已经被淘汰。如何较好地解决"学生课外学习交流"和"随时了解科技的最新发展"这两个问题，只能依靠于网络这样一个平台。

对于第一个问题，可以建立基于因特网的远程学习系统，使用网络技术展示并创造出各种逼近现实的学习情境。以教育门户网站"数苑网"为例，其包含了自主建设、课程问答、师生互动及在线测试等模块。此外，该网站还建设了在线答疑平台 MathQ、试题库系统平台、课程论坛平台、教学博客平台等一系列软件平台，支持课程教学内容的网络交流与互动。学生通过浏览网站进行自主学习，可收到很好的效果，值得我们学习和推广。

对于第二个问题，可以建立基于因特网的数字化资源系统，将科学技术的发展历史、发展动向、热点问题、研究成果等展示在网络平台上，并以最快的速度更新。将因特网建设成为世界上最大的数字化教学资源库，这将有利于科技的发展、传播和交流。目前，国内以知网为代表的一些网站做了许多努力和工作，也收到了一些成效，但离"最大的数字化资源库"这个目标还有很大距离。当然，这是一项浩大的工程，需要我们付出巨大的努力。

传统的教学模式已然不再适应知识、技术快速发展的今天，我们应该进行大胆的改革，让计算机技术真正成为大学数学教学的有力工具。

总之，在经管类数学教与学的过程中，合理地运用计算机技术可以调动学生的学习兴趣，激发学生的求知欲和探索欲，增强学生获取知识的积极性；同时它也是更新教学方法、实现课堂教学最优化的重要途径和有力措施，是实施高等教育素质教育、提高教学效率的重要手段，也是培养创新人才的有效途径。

第二节　运用翻转课堂教学模式彰显 数学课堂魅力

目前，传统的模式化教学完全忽略了学生的个性发展，也不符合教无定法、因材施教的教学理念，无法发挥学生学习的积极性，更谈不上学生学习的自主性，学生只能跟着教师被动地学，不能根据自己的实际情况进行学习。经管类学生数学学习的底子薄，绝大部分学生失去了学习数学的兴趣和动力，再加上没有良好的学习方法和学习习惯，这无疑都是学习成绩提高的障碍。要改变目前经管类数学教学的现状，必须积极探索一种以"学生为中心"、能够激发学生的学习兴趣、让学生能够主动学习的教学模式。翻转课堂教学模式正是适应了这种需要，为经管类数学课堂教学注入了活力，改变了传统数学课堂上的沉闷、乏味状况。翻转课堂教学模式以信息技术为支撑，以教师制作的微课件、微视频为载体，对所教授的内容进行颠倒安排，真正实现了以"学生为中心"的愿望，使学生成为自定步调的自主学习者。

一、传统教学模式的消极作用

一些传统教学模式总会人为地把教学环节模式化，每节课的过程是千篇一律的，第一步做什么、第二步做什么、第三步做什么直到最后环节都是一样的，这对学生的学习和教师的教学是非常消极的。其消极作用主要体现在以下几个方面。

（一）不利于教师的教

教师在教学活动中应该是教学目标和教学计划的制订者和执行者，不同

的教师在教相同的内容时，由于其在个性、知识面和性格等方面的差异，会有自己不同的理解和做法。很多教师有这样的体会：相同的一篇文章，如果让两个水平差不多的人去读，也会由于音质的不同、音调的差别、语速的快慢而出现不同的效果。这仅是对一篇不会动的文章来说的，教师面对的是活生生的、有思想的学生，如果再采用传统的模式化教学，那效果更会是千差万别的。

（二）不利于学生的学

传统教学让所有学生都采用相同的方式学习，这对部分基础知识比较好的、自控能力强的学生来说比较合适。但是，对于那些基础知识薄弱、控制能力差的学生来说，效果就不会那么好了。如果还是一味地采用传统教学模式教学，那学习效果能好吗？所以，在面对不同的学生时，要区别对待，要因材施教。教师对于学习能力强、学习积极主动的学生，可以鼓励他们不局限于课本、积极探索；对于基础知识薄弱、学习能力不是很强的学生，则要求他们加强对书本基础知识的理解和识记。只有这样，才能更好地促进学生的学。

（三）不利于教师的成长

传统教学要求教师在一定的框框内进行教学活动，不论是教学内容，还是教学节奏都要按照既定的框架进行，也不考查学生是否都懂了。另外，教学有了模式，就会出现"今年教这个内容是这样的，明年还是这样的"情形，教师没有创新，教学水平得不到提高，也就难以成长。

二、翻转课堂教学模式的积极作用

翻转课堂教学模式在某种程度上否定了传统教学模式，成为一种新型的教学模式，它实现了教学流程的重构，实现了教学组织形式的变革，实现了师生角色的转变，实现了教学资源和教学环境的革新，实现了评价方式的多元化。其积极作用体现在以下几个方面。

（一）有利于教学的人性化

翻转课堂教学模式把课堂教学转化为课外或校外教学，这为一部分在外实习的学生提供了学习的方便。学生可以根据自己的实际情况，在工作之余到班级 QQ 群中观看教师制作的数学教学视频，观看的时间和节奏完全由其本人掌握。如果一遍看不懂，可以重复观看，也可以快进和倒退，自己把握学习进度。对于在校学生除了可以在课堂观看教学视频外，也可以在宿舍观看视频。对于不理解的知识点可以通过 QQ 群、留言板等与同学或同伴交流互动。对于同学们解决不了的问题可以通过网络反馈给教师，教师可以帮助学生及时解决问题，避免学生问题积累和拖拉现象。教师在课上和课外、线上和线下都可以对学生实现一对一的辅导，可以随时随地与学生交谈，及时掌握学生的学习情况，及时督促学生，学生也因此感受到自己被关注，会更加积极地投入学习中。

（二）有利于师生关系的融洽

在数学翻转课堂教学中，教学活动的设计应有利于促进学生的成长和发展。教师首先要让学生根据自己的爱好选择探究性题目进行独立解决，并指导学生通过实际任务来构建知识体系，真正做到以学生为中心。然后，教师根据学生的成绩、性格、品质等特点进行分组，并指定探究性题目，让学生进行探究活动，学生可以随时提出自己的观点、想法和建议，小组成员通过交流、互动共同完成学习任务。在这个过程中教师应随时洞察每个小组的探究情况并及时给予指导。在翻转课堂教学中，教师真正成为与学生互动交流的良师益友。

（三）有利于教师业务水平的提高

在翻转课堂教学过程中，对于重要的知识点或重要的题型解法教师一般都要做微视频或微课件，虽然设计一段微视频只有 5～10 分钟，但那是一个知识点的浓缩，是精华，需要用精炼的语言、生动的形象来展示，同时还要保证语言的逻辑性和严谨性。所制作的微视频或微课件还要发布在网上，这就对制作质量提出了较高的要求。教师必须对教材、对知识有深度的了解与认知，在这个过程中，无论是教师的信息技术水平还是教学业务水平都会得到大幅度提高。

（四）有利于家长的监督

在传统的教学模式中，家长经常关注的是学生在课堂上的表现，比如，学生在课堂上听课是否认真，发言是否积极，课堂作业是否及时完成。教师的精力是有限的，而班级学生人数又较多，教师不可能记得每位学生在每节课中的表现。在翻转课堂教学中，以上这些问题不再重要，现在面临的问题是：家长能通过什么途径和方法去督促孩子的学习。在翻转课堂教学中，不但翻转了教师与家长交流的内容，而且改变了以往家长在学生学习过程中的被动角色，家长随时可以通过网络查看孩子的作业情况。当学生在家里通过视频进行学习时，家长的监督作用变得更加重要，家长要及时掌握孩子的学习情况，并配合教师搞好教学工作，这一点有利于学生、家长和教师三者之间的互动，从而有效地促进学生的学习。

（五）有利于评价方式的多元化

经管类数学传统教学模式的评价方式一般是单一的纸笔测验形式，而翻转课堂教学模式的评价方式多种多样，形式有访谈记录、问卷调查表、数学小论文、数学学习档案袋记录等表现性评价，还有学生作业互评、小组总评、期中测试、期末测试等成绩性评价，同时将形成性评价和总结性评价结合使用，使评价更具体、更客观，不但评价了学生，也评价了教师。

三、数学翻转课堂教学设计

翻转课堂教学模式能否真正适应经管类学生、真正彰显数学课堂魅力还在于如何进行教学设计。

（一）课前准备

运用翻转课堂教学模式进行教学，课前教师必须做好以下几点。① 创建微视频或微课件。教师在录制微视频或制作微课件时要注意内容和教学目标及教学内容相一致，同时还要考虑学生的学习实际；教师在制作微视频时应考虑视频的视觉效果、主题要点强调和互动等元素的设计。② 课前自测题的确定。教师根据视频的教学内容确定课前针对性练习，一定要充分考虑到经管类学生的数学知识基础，合理设计自测题的数量和难度，要保证自测题适量，难易得当，让学生跳一跳能够得着，激发学生的学习兴趣。③ 教师督促学生观看教学视频，并做指导。学生自主观看教学视频后，在教师的引导下对所学的知识有了感知和记忆，和传统课堂听课不同的是，学生观看视频完全根据自己的实际，学习进度自行安排，并随时做课前自测题；同时也可以将自己的心得记下来，以便和同学通过聊天室、留言板进行互动交流。

（二）课堂知识内化

要实现课堂上知识的内化，必须注意设计课堂活动的各个细节。① 确定探究问题。教师根据视频内容和学生提出的问题，总结归纳出一些探究式问题，学生根据自己的需要选择相应的问题。② 学生自主探索问题。在翻转课堂教学设计中，教师应该让学生根据自己的兴趣自主选择相应的探究题目进行自主探索。只有当学生独立地去思考探究、解决问题，才能将知识内化，构建出自己的知识体系。③ 小组合作。教师根据学生的特点分组后，学生针对教师制定的探索问题进行组内辩论，小组成员之间通过对话、协作的形式共同完成学习目标。④ 成果展示。学生经过自主探究、合作学习活动后，要将自己和小组的成果在课堂上进行展示。展示的形式可以多种多样，一般有演讲型、成果演示型和小型比赛。⑤ 反馈评价。翻转课堂的评价方式是多元的，不仅注重对学生的学习成果与学习效果进行综合评价，还注重对学生学习过程的评价，定量与定性评价、形成性和总结性评价完美结合。

总之，翻转课堂教学模式符合教育改革的新理念，也体现了以人为本的教育理念。在进行数学课教学的过程中，教师一定要根据教学内容和经管类学生的特点，精心设计，彰显翻转课堂教学模式在经管类数学课堂上的魅力，最终提高经管类数学课的教学效果。

四、理性推进"翻转课堂"的本土实践

本土翻转课堂的实践不仅发生在学校的改革上，同时对于国内的专家学者来说也早早就进入翻转课堂的研究之中。专家和教师队伍自发性的研究极大地推动了翻转课堂教学的实践。如果仅仅是看到重庆聚奎中学的实践内容还不够充分，那么来自北京师范大学的课堂翻转教学实践则充分地说明了翻转课堂不仅仅是在中小学领域内具有广泛的作用和意义，同时也涉及更多新的实践和思想。在为期一个学年的教学实践中，北京师范大学信息技术学院的教学质量和课堂质量得到极大的提升。通过具体分析其课堂特征认为，在教学实践中，通过两个班级之间的比对研究，充分说明了实践翻转课堂与不实践翻转课堂是有明显的差别的，其中主要差别在于研究设计，这表明，实现翻转课堂，学生能够更加自由地应对复杂的教学系统和教学环境，在公共信息技术课堂上，由于公共信息设计的烦琐的程序和编码较多，在失去了教学乐趣的同时，也在枯燥地灌输教学内容，不仅不能够提升教学质量，反而造成学生的厌学情绪。而实施了翻转课堂的案例表明，课堂的讨论和公共性话题都能够引发学生的共鸣，只有不断地发挥交互式教学管理，才能够不断地提升教学的发展，才能够让学生将知识内化于心、外化于行。教学的结构和知识背景都说明了当前教学改革的必要性，在翻转课堂上表现出的巨大反差，说明了这种内在发展关系。一系列调查的结果表明，我们在开展教学课堂实践中，应该大胆地表明心态，不断地探索新的教学模式，翻转课堂不能成为教学的终点，而应该在不断的翻转中继续实现教学的改良。一些来自高校的教师也纷纷表明，在涉及语言、计算及原理的一些课堂上，需要更多的实践和互动来激发课堂的活力，来改变课堂教学的枯燥现状。课堂教学应该

不断深入地进行教学模式的新一轮探索，让教学理性回归。

（一）转变教育的基本理念

教育理念的转变需要打破原有的教学思维，从而转变教育行为等内在理念，明确如何以教育课堂为中心，进行实际的改革，这种改革必须是以学生为核心的，围绕学生的基础教育突破层层教育环节，在教育底线上有所突破，逐步解决教育环节中，原有模式的藩篱，要坚定改革的信心，拿出壮士断腕的气魄，相关层级的领导和政策制定者必须全力支持改革发展，将翻转改革以及其他改革模式全部进行到底。在比较传统改革问题的同时，必须清楚这样一轮改革的目的和基础是什么，需要解决什么样的问题，需要什么样的支持。转变理念不是简单的转变形式，更重要的是在整个体制机制上的转变。

（二）要全面提升学生的学习能力

学生的学习能力包括主动性和自学能力的提升。通过翻转课堂的模式可以看到，其主要作用是刺激学生的自觉性，主要动力是让学生能够在自觉的基础上提高学习的效率和质量。通过学生的自主学习，将课堂翻转为学生交流与互动的场所，变成解决疑难问题的场所，彻底改变了以往牵引式的教学和被动的学习状态。当前，我国的各个年龄段的学生自主学习能力不足，甚至纪律性较差，不仅不能主动学习，在规定的课堂上也缺乏学习的兴趣。这就需要根据当前学生存在的问题，在翻转学习模式的同时，翻转学习内容，以至翻转学生的兴趣。如果学生不能够主动地融入学习当中，就会被动地接受知识的灌输，进而导致宝贵的启蒙和发展岁月停滞不前，浪费了青春年华。

（三）要全盘改变教学模式

教学模式的转变需要与各项目流程进行一一对应，不能仅仅是课堂教学，在整体的教学体制机制上也都需要彻底的改变。改革势在必行，课堂翻转往往伴生着更多的理念的转变及思想内容的转变。需要一一地进行实践，发现问题并解决问题。对于课堂教学模式，不能简单地照搬照抄，每一项试点或者试验都需要循序渐进地完成，都需要一点一滴地做起，切不可盲目放大铺开。学生的学习目的和教师的教学预期均需要得到极大的突破。打破传统教学的旧体制，需要采用更加多元化的手段，要把握整个教学体系及教学原则，适时地对教学内容进行改革。同时要不断激发和刺激学生学习的自觉性，强化绩效评估，多方面地在新的教学模式下进行改革，促进学生的全面提高和发展。

（四）实现教师个性化指导

实现教师的个性化指导是因材施教的一种具体表现。通过教师与学生的互动，将学生的自主合作认知充分地表现出来，不断提高教学的质量、丰富教学的基础，在教学发展的大前提和背景下，不断地充实教学的主体任务，将开放式的教学与教学的基础观念分开，不断地强化教学的层级。翻转教学需要的就是不断地开发学生的发散思维并进行个性培养，这方面需要整个过程都基于教师的个性化。翻转教学就是要不断地完整基于教学工作的全面细化，推翻以往教学不规范的基础，在教学的主体互动下完善教学的内涵，不断地开发教学的新体系。课堂教学的每一个环节都需要逐步改善，不断深化教学主体内容，不仅是课堂的教学形式，还有课堂教学的内容，彻底改变教师的教学习惯和学生的学习习惯。通过教师一对一的有针对性的教学改变，培养学生的兴趣爱好，鼓励学生从被动学习转为主动进步，将翻转的课堂实践与学生的教学主体从沟通转移到主动联系上来，让学生真正成为学习的主体，成为具有投票权的主体。整合教育资源，分门别类地处置教学工作，记录每个课堂教学中的真实存在，将教学以外的内容和事件都排除，专业地实施翻转教学，充分依据学生的个性化需求，改善教学大纲的设计。

五、探索多样化的翻转课堂路径

（一）基于网络学习社区的"翻转式学习"

网络学习社区明确了翻转模式的一种，网络学习社区是脱离课堂的一种学习转移，在网络课堂中，教学的翻转逐步呈现了教育模式的技术程度和逻辑思维。充分借用网络资源及系统能够有效地提升网络翻转学习的重要性。网络学习是建立在通信技术的前提下，通俗地说就是利用电子计算机中的教学资源进行学习和授课，网络学习系统呈现出了多元化的翻转课堂学习。不论是交互式的学习还是课堂教学的写作，在某种程度上都表明翻转课堂教学可以将一切可利用的资源都融入新的教学模式当中。比如，通过网络社区的学习模式，学生可以在课外时间同步学习课程内容，根据交互式软件系统，可以随时将问题提交给教师，也可以在同学之间进行有益的交流与合作。这就是基于网络学习的便利之处，也被称为极度重要的开放式教学。比如，在威尼斯小艇这节课的授课过程中，就可以集中利用网络资源，抽调威尼斯的实景图，勾起学生在学习过程中的自由联想，感受真实的威尼斯景色，更能够体会威尼斯小艇的艺术魅力。与此同时，也可以根据学习需求，及时地调配各种相关信息，不断地提升学习的空间感和时间感，让学生更能主动地融入学习之中。这些内容都充分体现出了翻转课堂与网络教学的关系，直接翻转到网络之上，通过网络的灵活性提高教学的灵活性，也可以利用网络技术直接进行学习效果的在线评估，有利于学生的学习。

（二）基于数字化互动教材的学习

对于各种教学数字化的相关教材，需要就利用丰富的媒体力量，包括动画、图片和视频等多元化的要素，充分利用综合性的素材整合相关的内容，既包括媒体导航，也包括光盘软件的互动指引，在交流中不断分享功能性元素，使学生可以利用的工具更加的具体化。让学生的互动更具趣味性，需要准备的内容和元素也相应地变少，这样就充分地利用结余出来的时间，全部投入学习当中，因此，开发交互式的教学教材，更加有利于内容的表达与重点程序的开发。

（三）基于网络教室的课程直播在线学习

网络教室也是翻转教学经常利用到的手段之一。充分利用网络公开课的

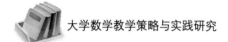

教学已经成为业界的一个普遍共识，网络公开课也成为学生们十分欢迎的一个主题。翻转课堂就是可以充分利用网络课堂的资源，整合网络课堂的应用功能，转到学生的教学当中，不论开放性的平台需要多么重要的基础内容，都是需要不断整合的，不能轻易将平台建设放置在一个篮子里。通过开放平台的功能进入网络教学，通过面对面的教学模式来补充关键知识，这是一种典型的一对一互动，这些互动为课堂的后续教学起到了至关重要的作用，因为有了网络课堂的教学基础，课堂教学的针对性就会更加强化起来。

（四）基于传统环境中学习单的前置学习

假如不能很快地完成教育教学，那么在翻转课堂的前提下，通过传统环境下展开的翻转课堂试验就很可能因为教学理念的不同而产生不同的导向，这些导向要么是以学习为导向，要么是以成绩为导向，学习单的设计包含着许多重要的环节和内容，不能轻易地从单方面去考量。比如，要明确课程核心，这就需要在学习单中充分体现出来，哪些是核心，核心内容的教育基础是什么，核心内容的困扰是什么，如何开展学习，采取哪些必要的手段和措施，学习的路径是什么。这些问题的反馈都说明了学习单的重要意义，也是以最真实的视角开展最基础的学习、创建翻转课堂模式的前提。

六、存在的问题

通过上述教学案例可以发现，尽管取得了非常好的学习效率，但是学习的原则和基础也发生了根本的变化，这就说明在教学中也可能出现不同的问题。在翻转课堂模式还没有得到预期的效果前，这种应用一定还有需要完善的地方，那么在出现好的成绩的时候，也就伴随着问题的产生。通过总结，发现在翻转课堂的实践中存在以下问题。

（一）对学习者的个性化跟踪与反馈机制不完善

翻转课堂教学模式是很大的教学变革，在这种变革之下，可以在一定程度上看到其中带来的负面影响，这些影响时刻改变着大家对翻转课堂的认识。首当其冲的就是个性化跟踪不到位。翻转课堂的实施效果评估一直都是业界的一大难题，翻转课堂的独特性在于其个性化的学习特征，从某种程度上是因为个性化学习充分尊重学生的意愿和学习的要求，在学习过程中学生在翻转课堂上的跟踪是否能够达到一定的跟踪定位，充分说明了学习工作开展的重要性。如果不能够紧跟着处理翻转课堂的工作任务，就会在某种程度上造成个性化跟踪机制无法准确实现，也就导致了翻转课堂教学模式缺乏一定的有效性。

（二）翻转课堂教学内容缺乏系统性

翻转课堂教学目前采取了多元化的管理渠道，这充分说明了课堂教学在程度上的丰富性，但是也凸显了翻转课堂教学内容的庞杂，不论是广泛吸取网络教学的经验，还是大量使用媒体技术，翻转课堂教学的主体内容都存在着一定的不统一，导致整个课堂教学内容缺少系统性。有的翻转课堂教学匆忙进行改革，使得学生不能从习惯中快速适应；有些教师过分依赖于网络，不能把握好教学的质量关，这些都说明翻转课堂在教学内容和系统上一定要进行充分的计划和安排，一定要保持课堂教学的统一性，拿出翻转课堂内容方面的一致标准并在成熟时进行全面的推广。

（三）教师的教育观念和专业能力参差不齐

从某种程度上，传统教学模式长期的贯彻执行下，不仅使学生很难从传统教学的思维和应试教育中及时地脱离出来，多年从事教学工作的教师包括行业的管理者都很难完全脱离传统教学模式，多次的教育改革也因为这种体制惰性而失之于宽，教学改革不能够贯彻落实。所以，教师的观念不改变，翻转课堂的推进就很可能出现换汤不换药，或者不能够完全适应教学理念。专业能力的参差不齐也导致了执行翻转教学出现各种各样的问题，比如，有些教师在网络社区教学的应用中缺少必要的网络技术知识。这些都说明这种教学模式存在问题，不能够及时地适应新的改革内容，更不能驾驭翻转课堂

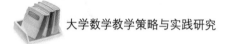

的改革内容。

（四）网络学习平台不完善

翻转课堂的翻转体现在教师与学生主体的翻转，体现在课堂教学与自主学习的翻转。翻转的结果是，学生成为教学的主体，一切教学不是因为教和学，而是因为学而教；课堂教学翻转为以学生自学为主，通过利用一切先进技术和教育平台，大大地更换教育形式和教学方法，让学生产生新鲜感的同时也能够大力提升学生的学习能力，这就是真正的翻转。然而这种翻转的背后是整体教学水平和素质的不完善，教育质量不能够有所提高，教学网络信息平台功能不齐全。我们缺少必要的教学能力，这说明我们的教育水平失去了最终的评判标准，仅依靠网络信息平台的建设，而这种平台往往不能够完全实现功能的应用，平台机制建立得不完善。

七、实施翻转课堂的建议

课堂翻转教学源自国外，国外翻转教学的实现是基于网络信息化的各种网络基础条件和基础设施，通过利用网络基础内容，充实教学的手段。翻转课堂就是基于这样的教学内容，在网络翻转的同时，不断地利用网络工具，大胆追溯课堂发展，同时高质量地完成教学任务。然而，我国的翻转教学基础设施并不十分强大，网络教学环境和多媒体教学设备等一系列工具也均不能达到国外教学的应用水平。这说明我们的计算机教学和多媒体教学存在着不小的问题，不能照搬照抄国外的模式，而需要根据本土的实际情况进行改良处理。网络化教学环境也在不断地改进中充实教学手段。但是教育发展的不平衡决定了翻转教学的实践可能存在着不同程度的不均衡。这就让我们认清了翻转教学的实际内涵，认识到了翻转教学不能完全依赖网络工具，本土化的教学应该循序渐进地发展。

（一）深化改革考试评价制度

从宏观层面继续落实和推进教育部门在考试评价制度上的改革，将能力与知识并列为教育考察的对象，不能成为学习好但能力差，或者能力强但学习差的典型。教育发展要均衡，教育质量更要突出均衡。这就是我们所顾及和追求的教育均衡化发展。深化改革考试评价制度，就是在促进这方面的具体要求。这是深化改革的一项重要举措。

（二）创设有利的学校应用氛围

翻转教学需要环境的支持，其中不仅包括教学环境，还包括应用环境。学校应该在鼓励翻转课堂的基础上实现教学模式的变革，通过完善教学设备和硬件设施，提供充分的教学教育基础。比如，翻转课堂所需要具备的软件系统、管理系统和操作系统，这些都是针对翻转课堂所配设的必要系统设施，如果没有这些系统应用的支持，光靠教师个人的能力和设计还算得上什么翻转课堂呢，没有技术支持何谈翻转。

（三）教学评价改革

1. 强化过程教学评价

对学生学习的过程，教师教学的过程，以及课堂交流的过程进行适当的评价，通过课堂教学和课程总结完善教学评估。整个过程的评价需要建立在实践理性的条件下，建立第三方评估机制平台，从而强化评价的过程和本身所具有的价值。良好的教学评价能够全方位地改善教学的内在机制，不断提高教学的完整性和学生学习的主体性。教学的本身就是过程，对过程的评价就是强化对过程的评价。

2. 加强多元化评价

从教育部关于强化中小学教育质量的意见中可以看到，促进评价的内涵实际上是在开发和建设评价机制。这个机制必须是多元化的、全面的教学机制。具体来说，多元化的评价包括评价主体多元化，即评价的人群不仅是上课的学生、授课的教师，还必须包括来自各个层面的专家学者及家长。建立权威的评估机制才能得到真实有效的评估数据。要建立评价指标的多元化，多元化的评价指标不仅包含评价工作的内容，也包含评价对象的内容，在多元化的评价主体中，数据指标必须设置得科学合理。翻转课堂的评价就是要：建立在多元化的评价系统之中，通过不断地扩张教学体系，在翻转中不断地创新体制机制，实现教学终端的各项内容变革，翻转教学课堂也将会出现在不同层面的教学评价，坚持以学生为主体，全面加强教学多元化测评体系。

3. 教学过程要兼顾全员评价

评价不是抽查，不能够仅通过几个学生的数据作为测评的指标体系，在整个教学评价中，应将全员的教学评价全部纳入信息系统之中。所有的评价内容都来自和包含各方面的知识、技术，包括情感等，需要不断发挥资源导向，让资源面对和流向全体成员。翻转课堂教学就是这个主要的要求，不论是教师在翻转课堂上采取哪种翻转措施，都需要全面实现多元化的教学评价，使教学评价成为真正的评价主体，不能忽视全体学生的要素评价，不能让一个学生落单。

（四）教材选编

翻转教学模式的重要内容之一就是教材的设计。教材承载着教学目标和任务，翻转教学模式的主要意图将大部分通过教材来进行梳理。所以，要高度重视教材选编工作，根据实际的课程设计，来完成教材的选定或者独立编写更为符合实际的教材。

（五）积极探索与教育技术公司的合作

就像南京知行中学与沪江网的联合、美国的可汗学院为美国大多翻转课堂教学提供帮助一样，实现翻转教学需要积极探索与专业的技术公司进行合作。比如，华东师范大学的慕课联盟就是这样一个国内自主创新的机构，通过指导中小学教师的教学视频制作来强化翻转课堂的自主创新。这方面在我国是亟需自主研发的，不能完全依赖于国外，或者过分依赖于网络课程，要积极探索与专业公司联合开发和制作的方式。这方面我们要吸取国内成功的经验案例，比如，昌乐一中在开展翻转课堂教学模式所采取的一系列办法，通过与专业技术公司的联合，推出了网络社区这种形式。目前，国内已经出现众多的专业教育网络资源开发公司，如超新星等。只有通过学员与专业公司的市场化合作，才能进一步助推翻转课堂的实现，间接地为我国中小学信息化建设创造条件。

第三节　大学数学翻转课堂教学情境的创设

改革经管类数学课堂教学，提高经管类数学教学质量，是经管类数学教学改革的一个重要课题，而翻转课堂给经管类数学课堂教学带来了活力。创设翻转课堂教学情境极大地调动了学生学习的积极性，激发了他们学习的兴趣。为了提高课堂教学的效果，要求教师在翻转课堂教学设计中精心设计，创造最佳的课堂教学情境，让学生以积极的心态参与到翻转课堂教学的各个环节中来，这是翻转课堂成功教学的前提。在教学实践中，为了提高翻转课堂教学效果，主要从以下几个方面创设课堂教学情境。

一、创设课堂教学问题情境

教师在翻转课堂的视频制作和课堂教学展示中适当地创设问题情境，去引导学生寻求事物的本质，探索未知规律，培养学生创造性的思维能力。

二、创设课堂教学讨论情境

在翻转课堂教学过程中应创设适当的讨论情境，让学生参与到互动中去，培养他们的合作能力。

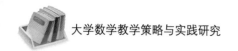
三、创设课堂教学猜想情境

猜想是指在观察、类比、联想的基础上，对方法或命题的估计。猜想是创造性思维的源泉，也是推动思维发展的动力，是营造翻转课堂神秘感的一个重要方法，能有效激发学生的学习兴趣和探求欲，树立他们自学的信心。

四、创造课堂教学思维优化情境

学生自定步调学习新知识之后，还要进行思维优化训练。这就要求教师在翻转课堂教学中善于创设思维优化情境，通过引导学生一题多解、一题多变、一题多思及一题多推等，训练学生的扩散思维能力，并通过比较、分析找到最佳思路。

五、创设课堂教学错误情境

当前经管类数学翻转课堂教学中，普遍存在着重视正确思路的分析而忽略失败思路的倾向。其实学生在解题过程中走一些弯路是正常现象，其中往往蕴含着丰富的教学价值，对学生思维品质优化、培养创造性思维能力，具有很重要的作用。

六、创设课堂教学生活情境

经管类学生数学基础较差，很难将实际问题转化为数学问题。基于这种情况，教师在翻转课堂教学中将课堂教学寓于生活实际，有意识地引导学生在生活中寻找具体的数学问题，同时借助学生熟悉的生活实际事例，激发经管类学生学习数学的求知欲，帮助经管类学生更好地理解和掌握数学基础知识，并运用学到的数学知识去解决实际问题。

情境创设应贯穿于整个翻转课堂教学过程之中，翻转课堂教学情境的创设还需要根据不同的学习内容和学生的专业做进一步的探索和实践，这就需要一线教师积极探索有效的教学情境，提高经管类数学教学质量。

第四节　翻转课堂教学模式下的
大学数学概念教学

一、教学模式简介

该教学模式以翻转课堂的理念以及概念同化修改教学模式的理论为基础，以布鲁姆需要层次理论下的"倒金字塔"、ARCS 动机教学模式、合作学习理论、掌握学习教学法，以及皮亚杰的建构主义观点为支撑的一种以解决当下高中数学概念教学所存在的问题为目标的教学模式。

该教学模式以概念同化修改教学模式为线索，让学生经历背景介绍揭示本质建立概念体系巩固概念应用概念解决简单实际问题认知概念学习过程，以达到概念的形成与同化。在具体运行中包括课前、课上和课后三大模块，该三大模块构成一个循环的大圆彼此影响，具体如下。

（1）课前模块

该模块有阅读任务单、自学教学资料、完成新旧知识线索图及课前练习四步。学生通过阅读课前任务单了解在课前所需要完成的任务，之后自学教师准备的学习资料。在完成自学教学资料这一步后自己做出相应的新旧知识线索图，在完成的过程中不断回顾教学资料中的知识内容。之后完成教师准备的课前练习，通过练习了解自己的掌握情况，在有问题的地方可再次学习，同时可通过 QQ、微信等形式与教师、同学交流自己的学习心得或者困惑，在该阶段中生生之间、师生之间给予及时的评价。最后通过查看任务单，检查自己有无漏掉的任务。

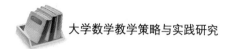

（2）课上模块

该模块以教师指导和自主探究为核心，围绕开展确定任务、小组活动、成果交流和反馈评价四个活动。首先通过教师搜集的反馈信息（课前练习中多数同学所存在的问题）确定探究的主题，教师应创设相应的情境问题。其次分小组合作探讨，可分工合作，也可自主探究，教师融入各小组观察、交流和指导。之后再将探究成果组内外交流、展示。再次进行课堂形成性测试，了解自己的掌握情况、存在问题，学生对自己对知识的掌握情况进行反馈，教师给予相应评价。最后就反馈情况再次确定问题，若对刚才探究的问题仍有疑问可对该疑问。继续组织活动进入循环，否则解决下一个教师通过反馈信息整理的问题。

（3）课后模块

该模块包括课程总结、制订下一轮计划两步。通过生生、师生交流进行课后反思，通过对课上的学习情况总结制订下一轮学习计划，同时教师以该计划为指导制定相应的课前学习任务单。

在整个概念的学习过程中教师扮演者"导演"的角色，而学生则成为课程的开发者、课堂的主人、知识的探究者。

二、课前学习任务的设计策略

在课前学习任务的设计中，不仅要满足大纲要求紧跟上学校安排的进度，还应当满足学生的个性化需求提供拓展资源而不仅仅以教科书作为教材，同时更要吸引学生让学生愿意去做。为此下文分别从教学目标设计，课前学习任务安排设计与自主学习任务单设计三个方面进行分析。

（一）教学目标设计

在课前任务的教学目标的设计中应了解学生的学习现状，知道学生的知识储备状况，以便设计的目标能够让学生"跳一跳，够得到"。同时应从基础知识入手，适当添加拓展性问题。在对目标的分类时应注意层次清晰，可按照熟悉知识、深入知识创新的步骤，引领学生由低阶思维向高阶思维过渡。在具体设计时可参考布鲁姆认知类教育目标分类教学模式，如表 6-1 所示。

表 6-1　教学目标层次表

熟悉知识	记忆	能够识别、辨别概念
知识深入	理解	能够解释概念，并能同以往的概念进行区分
	应用	能举例，能应用概念解决相关问题
	分析	知道概念各部分的联系以及相互的影响，并进行归类
知识创新	评价	能对概念的应用或概念本身进行检查与评论
	创造	在对概念的理解的基础上，就概念的应用或概念本身进行创新、改良，或所产生的新的想法

（二）课前学习任务安排设计

除了将教学目标进行分类外，在课前学习任务安排设计中还应尊重学生的个性需求，激发学生的学习兴趣，增强学生的学习动机，让学生愿意学、想要学、喜欢学。为此本研究以 ARCS 教学模式为理论基础就课前学习任务安排设计提出如下建议。

1. 注意

在第一个任务的安排时应引发个体的注意，这是个体进行学习的先决条件。可以通过游戏、探究性问题、冲突（与学生已有经验矛盾，或与学生过往认识不同）、相关视频等唤起学生的注意。

2. 关联

在通过第一个任务抓住学生的注意力之后，应继续保持学生的求知欲望。让学生发现新知识与已有的知识和生活经验相关，新知识可以解决现实生活中的问题。在任务的设计中可以在进行该任务之前向学生说明该部分学习内容的价值，在整个概念学习中的地位，以让学生目标定向。也可选取与学生已有经验相关的案例。

3. 信心

信心可让学生相信自己能够取得成功并对成功拥有更高的期望。除了教

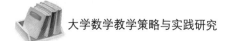

师应对学生的归因方式进行正确的引导，对学生的努力给予肯定与鼓励，在课程任务的设计中也应对学生的信心给予支持与维护。任务设计应让学生"跳一跳，够得到"，在任务的设计时还应提供一个支架，将大的目标分解为一个个阶梯式小的任务。

4. 满足

在任务的设计中应让学生觉得知识有用，并给予公平评价的机会。

（三）自主学习任务单设计

自主学习任务单的设计主要是为了让学生在课下的自主学习中知道自己要学什么，为什么要学习它，要达到怎样的目标；清楚、明白自己的学习任务，通过怎样的方式完成目标；提醒学生在学习的过程中记录自己的困惑、反思与建议。

三、课上教学活动设计策略

在进行课上教学活动的设计时，教师一定要了解学生的课前学习情况，分析学生的课前信息反馈，理解学生的学习障碍的地方与原因，设计有关联性、挑战性的教学情境下教学问题，以增强学生的学习动机，解决课前反馈的学习困惑。除此以外还应高效组织课堂，明确课上时间是用来协作探究，解决课前反馈的学习困惑，再通过检测、作业确定问题，协作探究问题，展示评价结果。为此本研究分别从课上教学任务设计流程及小组合作的设计两方面进行分析。

（一）课上教学任务流程设计

在课上教学任务流程设计中应将课堂高效组织，将教学活动计划细化到每一分钟。因此，在课上任务的设计中首先当然必须要有一节课的教学流程，按照时间顺序注明哪个时间段要做什么，以怎样的活动形式展开；每个活动所需的资料及针对特殊情况设计的应变候选方案；同时注明对每个教学活动的评价方式、评价量规。

（二）小组合作设计

约翰逊兄弟认为，任何一种形式的合作学习方法，有五个要素是不可缺少的，即积极的相互依赖、促进性的互动、个人责任、人际关系和相处技巧、自我评价。因此，在活动设计时应让学生发现只有互相合作才能完成任务，让每位成员都"有事可做"，让学生反思小组目前的工作状态。为此下面从小组的组建以及小组活动评价两方面进行分析。

1. 小组的组建

在小组的组建中应注意小组的规模大小，过多活动容易失控且会降低学生的参与程度，过少活动将不易开展。教师可根据班级人数、教学资源、座位排列自定小组人数。在教学实践中学习小组的人数控制在 4 人一组为最好，这能让每个小组成员充分参与并且能够得到充分的讨论并获得充分的信息，使小组讨论得到最大的效益。国内外学者对小组人数控制在多少没有明确的说法，但普遍赞成在 2～6 人之间。在概念教学中由于涉及探究性的问题较多，一般以 4～6 人为易。除此以外，为了让每位成员都"有事可做"，应对小组成员进行分工。小组分工如表 6-2 所示。

表 6-2　小组分工

职位	工作内容
组长	分派任务，组织小组讨论或开展活动，协调小组发言秩序、纪律，避免出现"脱离"和"包揽"现象
发言人	记录、总结小组各成员的重要发言并将讨论结果进行总结，在展示活动中将小组结果进行讲解、展示
裁判	组织小组成员参照评价量规对活动过程及成果进行组内互评和自评
联络员	负责教师与小组及小组与小组的联络和协调
时间员	控制每位成员的发言时间，提醒讨论、活动的时间限制
……	（教师可根据实际情况增删，建议保留有"组长"和"发言人"并将小组分工长期保留）

2. 小组活动评价

为了让学生反思小组目前的工作状态以提高合作效率，对小组活动应有相应的评价方式和评价基准。评价一般分为"互评"和"自评"两种方式，教师对小组的评价、以小组为单位的小组间评价或者是以每一个小组成员为单位的组内的相互评价被称为"互评"。学生在学习活动中对自己的反思、评价被称为"自评"。评价可以从对小组合作的成果评价以及对小组成员的合作性评价展开，教师应该引导学生更加重视对合作性的评价。评价不仅仅是为了评价，还可以帮助学生清晰认识到自己在小组学习活动中应该怎么做，并帮助学生逐步学会如何参与小组学习活动并有所贡献。因此，在教学活动中应该设计相应的评价活动，给予学生一定的评价标准并设计相应的奖励措施，如表 6-3 和表 6-4 所示。

表 6-3　学生小组学习活动合作性自评表

项目	评价内容	分值	得分
参与态度	1. 认真参加每一次活动，对每一次活动始终保持浓厚的兴趣	10	
	2. 能发挥自身的优势为小组提供必不可少的帮助，努力完成自己承担的任务	10	
协作精神	1. 能积极配合小组开展活动，服从安排	10	
	2. 能积极地与组内、组间的成员进行交互讨论，能完整、清晰地表达自己的想法，尊重他人的意见和成果	10	
	3. 在活动中，能向他人学习并帮助大家	10	
创新和实践	1. 在小组遇到问题时，能提出合理的解决方法	10	
	2. 在活动中，能发挥个性特长，施展才能	10	
能力提高	1. 在活动中，能运用多种渠道收集信息	10	
	2. 在活动中遇到问题不退缩，并能自己想办法解决	10	
	3. 与他人交往的能力提高了	10	

表 6-4　学生小组学习活动合作性互评表

量规	0分	2分	3分	1分
合作性	不参加讨论，或对别人的意见不表态	参加讨论，但不评价别人意见，或者不听别人意见	积极参加讨论，但是没有迹象表明重视别人意见	积极参加讨论，尊重别人观点
贡献性	对项目完成没有贡献	参与项目，但做得不好	参加项目工作，做得不错	参加项目工作，质量很高
参与度	没有参加小组活动	偶尔参加项目活动	经常参加项目活动	一直参加项目活动

第五节 翻转课堂教学模式下学生数学自主学习能力的培养

一、新课程改革对学生数学自主学习能力的高度重视

从 2001 年教育部颁布的《基础教育课程改革纲要（试行）》能够看出，新课程改革迫切要求提高学生的数学自主学习能力,《普通高中数学课程标准（实验）》也明确提出学生的数学学习过程不再是教师在讲台上讲，学生在讲台下听，被动地接受教师灌输知识的过程，而是让学生成为学习的主人，让学生发现问题、提出问题，进而解决问题，在这个过程中，让学生体验数学的乐趣，从而获取新知识，提高他们的数学自主学习能力。新课程理念更加强调积极地进行数学教学方式的改革，促进学生的多方面发展，指导学生勤于动手、积极探究，更加关注培养学生的数学学习兴趣，培养学生发现数学美的能力。

学生数学自主学习能力发展的最关键的时期是在高中阶段，为了顺应时代发展的要求，教师必须改变原有的教学方式。自从 2009 年内蒙古自治区正式启动高中课程改革以来，教师真正更新了原有的教育理念，彻底改变了原来的注入式、题海战术的教学方法，注重对学生的学习进行启发、引导，在教师的指导下，学生由原来单一被动的学习方式转化为动手实践、自主探究、合作交流这种更易发挥学生主体性的学习方式，而且在课堂上已经呈现出学生敢于质疑、勇于探索、主动参与、师生互动、生生互动、共创成功的活跃场景。

在某些普通高中，传统的应试教学方法和教学模式仍然影响着现在的数学教学，学生的数学自主学习能力还处于不容乐观的状态。面对这种现状，如何在教学中提高学生的数学自主学习能力已成为高效教学、实施素质教育

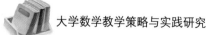

的一项重要任务。在当今社会，学生的数学自主学习能力是教师提高教育教学水平，更好地培养学生的需要，因此对它的研究具有重大的意义。

二、翻转课堂教学模式大学生数学自主学习能力的培养建议

对于刚进入大学的新生，教师要帮助他们做好适应新课程和新环境的工作，不仅在数学学习过程中要及时帮助他们解决难题，适时地给予他们鼓励，提高他们的数学自我效能感；另外，还要有意识地培养学生独立思考、独立制订数学学习计划的能力，而且在生活中也要起到关心和爱护的作用，帮助他们调节好与同学、与各科教师及与室友之间的关系，给学生创造一个宽松舒适的学习氛围。

翻转课堂是一种新型的教育模式，对于学生自主学习能力的培养有着重要意义，作为教师首先应该全面了解翻转课堂的教育理论，深刻分析教育理论对于现实教学的重要意义，全面了解和学习元认知理论、建构主义学习理论、人本主义学习理论和自主学习理论。对于翻转课堂教学模式下的学生，教师要鼓励学生适应这种新型的教学模式，鼓励学生面对问题时要独立思考、积极探究。教师要根据每个学生数学自主学习能力发展的实际水平，加以适时的、合理的引导，使学生的数学自主学习能力获得最大的发展。另外，教师也要根据自己的教学实际和不同学生的学习状况进行教学策略的调整。

在元认知理论的指导下，教师应该将自己的教育实践和学生的自我认知联系在一起。翻转课堂是一种新型的教学模式，主张教育的同步进行，需要教师和学生的相比配合，在此种教学模式下，作为一名教师首先要了解学生，在了解学生的基础上进行深刻分析。元认知理论注重自我认知，教师认知学生之后还要促进学生的自我认知，教师要根据自己掌握的学生资料进行合理引导，使他们能够更好地认识自己，进而得到最大化的发展。在建构主义理论下的翻转课堂中，教师应该注意教学的整体性，注意学生对知识的有意义建构，引导学生将新知识与原有的认知结构进行联系，注重课程教学系统的展现，使得学生明白数学知识学习整体性的重要性，系统地学习数学知识不

仅能够提高数学学习的趣味性，而且能够发散思维，提高思维的逻辑性，使得学生学会应用各种学习资料，思考问题时全面地应用数学知识和数学思维，与构建主义学习理论紧密结合。教师还要根据人本主义学习理论，树立新的教师观和学生观，对原有的教育理念进行根本的变革，最大程度地发挥学生学习数学的积极性和主动性，要真正做到"以学生为主体，教师为主导"，让学生主动地、独立地学习新知识，自主地掌控数学学习进度，进一步增强对数学学习过程的把握，突出学生的主体地位，使学生全神贯注地进行数学学习，从而提高学生的数学自主学习能力。

三、翻转课堂教学模式下大学生数学自主学习能力的培养建议

根据调查情况可以看出，翻转课堂教学模式下学生的数学自主学习能力在几个方面发展不平衡，因此教师应该建立这种教学模式下提高学生数学自主学习能力的相应策略。

在学习动机方面，教师首先要引导学生确立正确的学习动机，学习动机在学生自主学习能力的提升中发挥着不可替代的作用。教师秉承着人本主义学习理论的教育思想，把学习的主动权交给学生，学生能够根据自己的节奏进行学习，真正变成了数学学习的主体。在这个过程中，教师应该更加重视培养学生的数学学习兴趣，重视学生的数学好奇心和求知欲，激发学生的内部学习动机，帮助学生形成主动要求学习的心向，而且教师要让学生明白数学学习的目的及意义，帮助学生把学习与自己将来的生活联系起来。

在学习内容方面，教师应当以元认知理论为教育指导思想，要让学生对自己的学习状况有一个清晰的认识，主要包括对于知识的掌握程度和应用程度，引导学生善于对自己的学习过程进行调节和反馈，不能急于求成，否则容易造成基础不牢、学习下降的状况。翻转课堂教学模式下的教师还要根据"最近发展区"理论，帮助每个学生找到数学学习的方向，并且让学生根据自己的知识基础和能力水平合理地制定数学学习目标及学习任务，使每一个学生都拥有符合他们自己的数学学习内容，这样既避免了教师设置的统一的学

习目标使优等生"吃不饱"的现象，又避免了差等生"吃不了"的尴尬局面。

在学习方法方面，翻转课堂下的教师要从元认知理论、建构主义理论、自主学习理论出发，首先在元认知理论的指导下，教师要在数学教学过程中改进教法，教给学生合适的数学学习方法，为了使学生更好地理解抽象的定义和原理，就需要教师给学生提供具体的材料，加强直观操作，让学生在操作的过程中建立表象，并以此作为学习数学的支柱。同时要应用建构主义学习理论，加强知识教授的系统性，使学生能够系统地学习数学知识。最后要依据自主学习理论，在翻转课堂上，加强教与学之间的互动，精心设计课堂提问，增加教师与学生之间的交流，不断活跃课堂气氛，进而增加课堂的趣味性，使学生主动参与到学习中，而不是被动地学习知识。

在学习时间方面，在构建主义学习理论的基础上，合理地分配学生的学习时间，将整个教学过程纳入整体规划，注意课上、课下学习时间的分配，让学生自主地掌控自己的时间，引导学生抓住最佳学习时间，从而对学习时间进行有效的管理。在翻转课堂教学模式中，教师应该充分利用课堂时间，尽量减少在讲台上的时间，留出更多的时间让学生进行讨论和交流，教师可以在旁边做指导，这样既能加深学生对数学知识的巩固，又能提高学生数学自主提出问题、解决问题的能力。

在学习过程方面，教师要在元认知理论下教育学生，要使学生学会自我分析、自我提高，让学生明白自己的数学学习过程中存在的优势和劣势，并学会自我调节。在这个过程中，教师还要指导学生努力磨炼克服困难的意志，帮助学生克服数学学习过程的困难，使学生树立正确的数学学习方向，而且要持之以恒地朝着既定目标努力，不偏离学习的方向。

在学习结果方面，元认知理论强调在学习结束后要主动进行自我监控，因此翻转课堂教学模式下的教师要及时指导学生时所学的一个模块或者一个章节进行自我检查和自我评价，把数学学习结果和既定的学习目标进行比较，发现自己存在的差距，从而对自己的数学学习情况做出正确的评价，并根据做出的评价进行自我反思和反馈，以便为后面的数学学习提供经验与吸取教训。

在学习环境方面，教师要引导学生不论何时何地，只要学业上有困难，都要主动地寻求他人的帮助，这在一定程度上也能提高学生的数学自主学习能力。在翻转课堂教学模式下，教师更要注重师生、生生之间的讨论与交流，鼓励学生大胆地进行课堂提问。此外，教师还要善于利用手中的电子设备，通过这个途径，教师一方面可以很方便地呈现教学内容，另一方面还可以增加学生课下练习的机会，学生自己可以从网上搜集一些关于数学学习的资料，这不仅能够帮助他们解决难题，还可以扩大他们的数学视野，从而为后面的数学学习奠定基础。

在学习习惯方面，经管类大学生数学自主学习的能力比较弱，要成功实现翻转课堂，就必须培养学生自主学习的习惯。在教学中实施多层次激励性评价，对于培养学生的自主学习习惯就显得尤为重要。

实施激励性评价一定要注意评价的对象、评价的场合和评价的方式。对于后进生，哪怕是微不足道的进步，教师也要给予及时的表扬和鼓励，后进生更需要赞许，更需要温馨的话语和轻拍的爱抚，切忌刺伤了他们脆弱的心。对成绩优秀的学生，当他们成绩进步时，教师同样要给予积极的肯定，以激发他们的探求欲。在激励性评价中还应注意要给予客观、公正的评价，不能一味地表扬，在表扬的同时对于做错的地方要批评指正，使学生能在批评中吸取教训。激励性评价还要根据学生的行为表现恰如其分地进行，能让学生体会到成功的喜悦，促进他们自主学习、自主探索。激励性评价犹如春雨"润物细无声"，让学生逐渐养成自主学习的良好习惯。

在学习兴趣方面，如果学习的内容越贴近学生的生活和专业背景，学生就越有自觉学习知识的积极性，因此在制作数学微视频时，应尽量以贴近学生生活情景和专业背景的素材作为教学的切入点，创设大众化、生活化、趣味化、专业化情景，让学生对数学产生熟悉感和亲切感。这样的情境，在学生的自主学习中不仅起着激发兴趣、启迪思维的作用，同时还能促使学生主动探索，让学生在轻松愉快的氛围中学会知识。

总之，翻转课堂教学中学生自主学习能力的培养并非一朝一夕的事，要循循善诱，因材施教，将学生自主学习能力培养贯穿在翻转课堂的每个环节中。

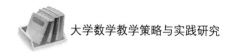

第六节　大学数学翻转课堂渗透
"快乐教学"的探索研究

　　经管类学生大多基础文化课底子薄弱，缺乏信心，没有学习热情，注意力不集中，常常会出现玩手机、打瞌睡和交头接耳等情况，学习没有压力，也没有动力，数学课更是他们讨厌的课。为了让学生对数学学习产生兴趣，树立信心，笔者尝试着在"翻转课堂"教学模式中渗透"快乐教学"，让学生在快乐中汲取知识，提高学习兴趣。

一、在趣味情境中品味快乐

　　在创建教学视频时，针对教学的具体内容设计趣味的教学情境，让学生在观看视频时能够品味到学习的快乐。趣味情境的创设可以是趣味故事，也可以是趣味问题。趣味情境会对学生学习产生巨大的吸引力，它能引起学生极大的学习兴趣，同时让学生对学习产生愉悦感。例如，在制作"组合"的视频时，创设了趣味问题：3 个商人和他们的 3 个仆人一起过河，只有一条船，而且要自己划船，船一次只能载 2 个人，3 个仆人说好了，只要他们的人数比商人多，就夺取商人的财物，问现在商人怎么分配过河方案，才能安全过河？学生的情绪一下高涨起来，动脑思考，相互交流，课堂气氛活跃了，学生的学习热情被激起，学习兴趣被调动。

二、在幽默言语中感受快乐

　　幽默是一种智慧，给人以启迪，并常常给人带来欢乐。恰如其分的幽默，如饮清泉，学生浅斟细酌，回味无穷。有了它，数学教学如同磁石般富有吸引力；有了它，"望而生厌"的数学变得那么有趣，数学学习真正成为学生的精神乐园。

例如，在制作学习课件"正弦定理与余弦定理应用举例"一节时，设计了动画语言："同学们不知道吧，我有'特异功能'，能不过河测河宽，能不上山测山高，能不穿越隧道测隧道的长度，能不接近灯塔测得灯塔与我之间的距离。""我的'特异功能'就是正弦定理与余弦定理。"学生被这些动画语言深深地吸引。虽然其中所涉及的有关测量题让学生自己解答，题中都是些枯燥繁杂的数字计算，学生也都兴味盎然，情绪始终高涨。

三、在小组协作中体验快乐

在翻转课堂教学中，应尽可能地让学生自己去发现和解决问题，让他们充分"参与"，当"主角"，体验数学知识的发生、形成、发展、升华与应用。学生"身临其境"，积极性与主动性被激发，又能感受到学习数学的乐趣。

例如，在学习"解三角形的实际应用"时，让学生自己通过实际测出来解决问题。把班里学生分成4个小组，让他们测量学校水塔的高度。若给他们强调了安全常识后，从学校借了必要的器材，然后让各小组设计方案。看到同学们紧张而又热烈地讨论、设计、测量、收集数据、解决问题。通过观察，感觉到学生的小组协作意识提高了，内在的求知欲被激发了，学生充分享受到了学习的乐趣。虽然花了两节课的时间，但这两节课是成功的，因为同学们参与协作，乐于协作。

四、在成果展示中品尝快乐

知识就是力量。知识能解决问题，创造财富，学生把学到的知识应用于实际，体会到知识在其生活中的重要性，从而产生学以致用的乐趣。

例如，在"数列"的成果展示中，笔者设计了一道题：老板给你两种加工资的方案，一种是每年末加1 000元，另一种是每半年结束时加300元。请你选择一种你认为合理的方案。① 若你在公司连续工作10年，请问你选

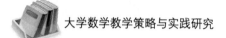

择哪一种方案加薪更多？多加薪多少元？② 若第二种方案中的每半年加
300 元改为每半年加 a 元，问 a 为何值时，选择第二种方案总比选择第一种
方案加薪多？

通过这个例子，学生既学到了数学知识，又体会到"生活中处处有数学，
处处用数学"，进而认识到数学与我们的生活息息相关，增强了"学好数学，
用好数学"的意识，学生自然就体验到了学习数学的快乐，实现由"厌学"
到"乐学"的蜕变。

另外，在翻转课堂教学过程中，教师要善于捕捉每位学生身上的闪光点，
并对不同层次的学生因材施教，让每一个学生都能够发现自身的价值，品尝
到成功带给他们的愉悦，以增强他们的信心，使他们产生学习数学的兴趣。
同时，多为学生创造成功的条件，让学生把学习数学当成一件乐事，设法创
设竞争平台，让不同层次的学生都能"跳一跳，摘到桃子"，让学生从中享受
到成功的愉悦，感受到努力的价值，心悦诚服地接受数学学习。

在翻转课堂教学中，渗透"快乐教学"能点亮经管类数学课堂，让学
习数学不再枯燥、充满乐趣，点燃了学生学习的热情，激发了学生的学习
兴趣，提高了经管类数学课堂的教学质量，实现了学生由"厌学"到"乐
学"的蜕变。

第七节　大数据时代"MOOR"与
传统数学教学的应用

大众开放在线研究（MOOR）是"后慕课"时期在线学习模式的新样式。
MOOR 代表了不同的在线教学模式，拓宽了在线教育的应用范畴。通过
MOOR 与传统数学教学相结合，能提高学生学习数学的兴趣。MOOR 设计与
探索需要调整教学计划，构建应用型创新人才培养模式；调整教学内容，使
教学方式多样化；MOOR 课程开发应注重整体性与连贯性。

2013 年 9 月，加州大学圣地亚哥分校的帕维尔教授和他的研究生团队在

Coursera 推出了一门名叫"生物信息学算法"的 MOOR 课程，这门课程的第一部分第一次包含大量的研究成分。这些研究成分为学生从学习到研究的过渡提供了渠道，使得教学重心由知识的复制传播转向问题的提出和解决。MOOR 仍带有慕课的"免费、公开、在线"的"基因"，所以它可看作慕课的延续与创新，它代表了不同的视角、不同的教育假设和教育理念。

随着网络技术的飞速发展和移动终端设备的日益普及，在信息技术日新月异的今天，社会对财经类大学生的实践能力要求越来越高。培养学生的应用与创新能力，需要改变传统的教学模式，对有限的数学课堂教学进行延伸，而 MOOR 为传统的理论教学提供了一个很好的在线补充，能有效地培养学生的科研能力及创新意识和创新能力。MOOR 也为学生提供了一种个性化的学习方式，它让学生可以在不同时间、不同地点，根据个人的空闲时间进行在线学习、讨论、共享与交流等。MOOR 可以让学生看到数学知识的应用和实际效果。这既能培养学生学习数学的兴趣，又可提高他们学以致用的能力。

在这样的背景下，地方财经类院校要想走稳办学之路，办出特色，全校师生都要思考将来的发展问题，包括人才培养的模式和专业的结构。高校的课堂教学更应该注重应用型、复合型人才的培养。应用型人才、复合型人才的培养势必对大学生的创新能力有着较高的要求，而提高大学生的科研能力则是培养其创新精神的主要途径。大学生的科研水平已逐渐成为衡量本科高校综合实力和人才培养质量的主要标志。

一、MOOR 课程与传统数学课堂相结合的意义

MOOR 代表了不同的在线教学模式，拓宽了在线教育的应用范畴。正如德国波茨坦大学克里斯托夫·梅内尔教授所说："慕课是对传统大学的延伸而不是威胁或者替换，它不能取代现存的以校园为基础的教育模式，但是它将创造一个传统的大学过去无法企及的、完全新颖的、更大的市场。"鉴于此，我们应该运用"后慕课"的思维去审视与推进在线教育与传统教学相结合，实现信息技术对教育发展的"革命性影响"，共同提高教学质量，培养高质量

人才。

当今社会信息高度发达，竞争日益激烈，无论是哪一方面的竞争，归根结底都是人才的竞争。如今的人才必须具备一定的创新意识和创新能力，否则很难适应信息时代的要求。事实上，如何培养学生的创新意识和创新能力一直是高校教学改革的重点和热点，也是高校教学改革研究的前沿课题，而MOOR 在这方面具有独特的优势。

通过 MOOR 与传统教学相结合，能提高学生学习数学的兴趣，让学生认识数学学习的重要性，培养学生利用数学知识解决实际问题的能力，让学生巩固所学书本知识。MOOR 可以培养学生的想象力、联想力、洞察力和创造力，还可以扩大学生的知识面，提高学生的综合能力。在有限的课堂上，学生对一些知识点的理解需要点拨和时间来消化，为此学生可以借助 MOOR 提供的相应章节知识点的典型应用或者是相关研究来对知识点进行全方位的理解或补充。同时，MOOR 可以提高大学数学的教学质量，丰富教师的教学手法、教学内容，激发广大学生的求知欲，能有效地培养学生的科研和创新能力。

MOOR 不仅向学生展示了解决实际问题时所使用的数学知识和技巧，更重要的是能培养学生的数学思维，使他们能利用这种思维来提出问题、分析问题、解决问题，并提高他们学以致用的能力。

MOOR 课程的设计应按照一定的顺序和原则，围绕某个知识点深入展开，这样孤立的 MOOR 课程才能被关联化和体系化，最终实现知识的融会贯通和创新。对学生而言，MOOR 课程能更好地满足学生对不同知识点的个性化学习、按需选择学习，既可查漏补缺，又能强化巩固知识，是传统课堂学习的一种重要补充。

二、MOOR 设计与探索

（一）调整教学计划，构建应用型创新人才培养模式

一是将 MOOR 引入大学数学教学中来，数学教学大纲，尤其是教学计

划中的理论学时和实验（实践）学时需要调整。结合财经类院校的人才培养
目标定位和财经类院校学生的专业特点，其数学教学计划也要做相应的调
整。应及时更新每门数学课程的教学大纲，兼顾知识的连续性与先进性，提
高课程的知识含量。二是为了充分发挥 MOOR 的作用，MOOR 的开发应有
计划，突出其实用性。要根据学校条件、学生的学习支撑条件与特点，联系
教学实际，科学地进行开发与应用；要聚焦于大学数学课程中学生易掌握的
重点应用问题，突出"应用研究"功能，培养学生的数学思维能力与科研创
新能力。

（二）调整教学内容，使教学方式多样化

MOOR 以某个数学知识点为核心，可以采用文字、图片、声音、视频等
多种有利于学生学习的形式。在 MOOR 课程中，教师应尽量设置一些与现实
问题联系在一起的情境来感染学生，这样对学生学习数学有积极的影响。通
过吸引学生的注意力，激励学生完成指定的任务，从而进一步培养学生解决
实际问题的能力和科研创新能力。课堂学习与 MOOR 课程学习相结合，要注
重实效性。

（三）MOOR 课程开发应注重整体性与连贯性

MOOR 课程能促使教师对教学不断思考，让他们把自己从教学的执行者
变为 MOOR 课程的研究者和开发者，激发教师的创造热情，促进教师成长，
提高教师的科研能力，让教师实现自我完善，为教师的教研和科研工作提供
一个现实平台。

不管哪种课程改革模式，其目的都是培养学生自主学习、终身学习的能
力，培养学生主动参与、乐于探究、勤于动手、获取新知识及分析解决问题
的能力。在通信发达、网络普及的今天，教育必须与时俱进，充分发挥信息
化的优越性，让教育网络化，让教育信息化。MOOR 这个集网络、信息于一
身的新生事物也应伴随教师和学生的学习成长。

MOOR 是一个创新的在线教育模式，它是督促学生在学习过程中，以现

有知识为基础，结合当前实践，大胆探究，积极提出新观点、新思路、新方法的学习活动。总之，对于 MOOR 这样的新生事物，我们要积极研究和探索，取其所长，避其所短，既不能盲目追风，又不能一概排斥，忽视现代化手段带来的积极作用。MOOR 的应用对高校数学教学的可持续健康发展有着重要的意义。

参考文献

[1] 刘冬梅. 大学生数学建模竞赛与教学策略研究［D］. 山东师范大学，2008.

[2] 余梦涛. 基于我国创新教学模式下的大学数学教学策略分析［J］. 东西南北，2019（07）：153-153.

[3] 陈丽. 高职院校大学数学教学策略研究［J］. 2020（30）：92.

[4] 李毅. 基于大学数学教学内涵视角的有效教学策略研究［J］. 科教文汇，2010（19）：89，123.

[5] 杨立敏，陈文，于静，等. 西部高校新工科大学数学教学策略与实践［J］. 高教学刊，2022，8（36）：123-126.

[6] 杨青. 大学数学教学中的情感移入式教学策略探究［J］. 淮阴师范学院教育科学论坛，2009（4）.

[7] 汪新凡，汤琼，邓胜岳. "有效教学"理论应用与大学数学教学策略探究［C］//大学数学课程报告论坛. 2008：219-223.

[8] 陈成钢，李维. 教学名师视角下提高大学数学教学效率的教学策略［J］. 现代大学教育，2014（4）：106-110.

[9] 张国防，何莉辉，马红艳. 大学公共数学系列课程教学设计的研究与实践——以河北大学工商学院为例［J］. 统计与管理，2015（1）：152-153.

[10] 马建国. 数学课题探究教学策略的研究［D］. 山东师范大学，2023.

[11] 徐芝兰. 数学教学行为和教学策略的有效性研究［D］. 江西师范大学，2023.

[12] 马晨江. 多维互动模式下大学数学教学研究与实践策略探寻［J］. 数学学习与研究：教研版，2021（029）：259-261.

［13］王琪远. 新课标下高中三角函数教与学策略研究与实践［D］. 河南大学，2016.

［14］李洁坤，陈璟. 大学数学"课程思政"教育教学改革的研究与实践［J］. 教育教学论坛，2019（52）：120-121.

［15］李金凤. 反思性数学学习的教学策略设计与实践［D］. 河北师范大学，2023.

［16］佚名. 有效数学课堂教学的实践研究［M］. 华南理工大学出版社，2015.

［17］尹晓翠. 慕课浪潮下高等数学教学改革探析［J］. 当代教育实践与教学研究（电子刊），2016（11）：354.

［18］刘芳，徐丽，李德阳. 大学数学教学存在的问题及策略研究［J］. 新商务周刊，2019（8）：234.

［19］张盛，李伟. 高等代数双语教学改革与实践研究［J］. 渤海大学学报（自然科学版），2009（1）：49-51.

［20］张维忠. 数学课程与教学研究［M］. 杭州：浙江大学出版社，2008.

［21］王翊. 探讨翻转课堂教学模式下的大学数学微课教学对策［J］. 当代教育实践与教学研究（电子版），2018（6）：1.

［22］杨孝斌. 大学数学情境教学的实施探索［J］. 四川文理学院学报，2010，20（2）：116-118.

［23］李大勇，刘颖，郭海龙，等. 高等数学教学策略的研究与实践［J］. 哈尔滨学院学报，2012（3）：142-144.

［24］职占江. 大学数学探究式教学模式及实施策略研究［J］. 教育现代化，2017，4（20）：127-128.